岩土工程勘察技术与实践研究

王玉磊 刘晓磊 潘德民 主编

南开大学出版社
NANKAI UNIVERSITY PRESS

天津出版传媒集团
天津科学技术出版社

图书在版编目（CIP）数据

　　岩土工程勘察技术与实践研究 /王玉磊，刘晓磊，
潘德民主编. -- 天津：南开大学出版社；天津科学技
术出版社,2024.1
　　ISBN 978-7-310-06551-6

　　Ⅰ. ①岩… Ⅱ. ①王…②刘…③潘… Ⅲ. ①岩土工
程－地质勘探 Ⅳ. ①TU412

　　中国国家版本馆 CIP 数据核字(2023)第 243425 号

岩土工程勘察技术与实践研究
YANTU GONGCHENG KANCHA JISHU YU SHIJIAN YANJIU

南开大學出版社 出版发行
天津科学技术出版社
出版人：刘文华
地址：天津市南开区卫津路 94 号　邮政编码：300071
营销部电话：（022)23508339　营销部传真：（022）23508542
https://nkup.nankai.edu.cn

北京宝莲鸿图科技有限公司印刷　全国各地新华书店经销
2024 年 1 月第 1 版　2024 年 1 月第 1 次印刷
787 毫米*1092 毫米　16 开本　14.5 印张　320 千字
定价：86.00 元

如遇图书印装质量问题，请与本社营销部联系调换，电话：（022)23508339

编委会

主 编

王玉磊　　山东省物化探勘查院
刘晓磊　　晋能控股煤业集团
潘德民　　青岛地质工程勘察院

副主编

陈　刚　　黄河勘测规划设计研究院有限公司岩土工程事业部工程公司
马　凯　　潍坊市建筑设计研究院有限责任公司
岳耀勋　　山东建勘集团有限公司
杨占林　　辽宁万方岩土工程咨询有限公司
宗　蕾　　潍坊市建筑设计研究院有限责任公司
张九会　　温州工程勘察院有限公司
赵金芳　　山东省青州市自然资源和规划局

编 委

崔利新　　山东正元建设工程有限责任公司
汪　杰　　中国冶金地质总局中南局六〇五队
尹太闯　　中南勘察基础工程有限公司

（以上副主编排序以姓氏首字母为序）

前　言

　　近年来，在岩土工程勘察设计工作中，综合勘察技术被广泛应用，展现了技术的优越性。具体作业中，使用的探测仪器设备体积比较小，而且重量很轻，便于携带。综合勘察技术中的各类技术，都能够单人独立操作，技术灵活性较强。通过大量测点，实现信息汇总，测量误差比较小，而且准确度比较高，因此能够发挥积极的作用。

　　在岩土工程勘察作业中，综合运用地质测绘技术和数字化勘察技术等，能够获得更高质量的数据，为岩土工程设计和施工的开展，提供更多有力的依据。在岩土工程勘察作业中，应当运用综合勘察技术，提高勘察作业的整体水平。从当前技术发展和应用实际情况来说，还需要加大技术人员队伍的建设，积极引进先进的设备，做好技术应用质量的把控。

　　岩土工程勘察工作会影响施工建筑和施工设计，必须要提供准确的勘查数据，才能有效提高工程质量。这就需要重视岩土工程勘察技术的应用，对技术进行改进和创新，并通过科学有效的技术管理，促进我国勘察技术实现可持续发展。

　　本书对岩土工程勘察工作中存在的问题进行分析，从岩土工程勘察级别、工程取样、工程试验等方面探讨这些问题的解决方案及岩土工程勘察工作的发展趋势，规范岩土工程勘察工作程序，严格按照程序进行测量与勘察，提高勘察工作的合理性，加快工作进度，有效地缩短工作时间。

前　言

目　录

第一章　岩土工程勘察的基本要求及主要类别 1

第一节　岩土工程勘察的基本程序 1

第二节　岩土工程勘察级别 2

第三节　岩土工程勘察阶段的划分 6

第四节　岩土工程勘察纲要 9

第五节　岩土工程勘察的主要类别及要求 10

第二章　工程勘探与取样 35

第一节　钻探 35

第二节　井探、槽探、洞探 44

第三节　取样技术 46

第四节　工程物探 53

第五节　岩土野外鉴别与现场描述 57

第三章　岩土工程室内试验 61

第一节　土的物理性质试验 61

第二节　土的压缩——固结试验 63

第三节　土的抗剪强度试验 66

第四节　土的动力性质试验 68

第五节　岩石试验 69

第四章　岩土工程现场勘察施工 72

第一节　工程地质测绘与调查 72

第二节　岩土工程勘探 86

第三节　岩土工程原位测试 107

第四节　现场检测（验）与监测 117

第五章　地球物理勘探 131

第一节　电法勘探 131

第二节　电磁法勘探 138

第三节　地震勘探 139

第四节　声波探测 146

第五节　层析成像 149

第六节　综合测井 153

第七节　物探方法的综合应用 156

第六章　特殊性岩土的岩土工程勘察与评价 160

第一节　黄土和湿陷性土 160

第二节　红黏土 162

第三节　软土 164

第四节　混合土 167

第五节　填土 169

第六节　多年冻土 170

第七节　膨胀岩土 173

第八节　盐渍岩土 177

第九节　风化岩和残积土 180

第十节　污染土 182

第七章　建筑岩土工程勘察 187

第一节　房屋建筑与构筑物岩土工程勘察 187

第二节　地基处理工程岩土工程勘察 192

第三节　地下洞室岩土工程勘察 195

第四节　岸边工程岩土工程勘察 199

第五节　边坡工程岩土工程勘察 201

第六节　其他工程岩土工程勘察 204

结　语 220

参考文献 221

第一章 岩土工程勘察的基本要求及主要类别

岩土工程勘察为工程建设提供准确的岩土工程参数，以便工程设计人员对工程相关状况有更好的把控。岩土工程勘察有着极强的专业性，由于其勘察对象都位于地下，且岩土体往往有极为复杂的形态，所以岩土工程勘察常常会遇到各种问题，尤其在地下条件多变且复杂的情况下，勘察工作面临的困难更多，一些问题甚至对工程的效益与安全有重要影响。因此，针对当前我国岩土工程勘察中存在的主要问题展开探讨，并给出针对性优化措施，具有十分重要的现实意义。

第一节 岩土工程勘察的基本程序

各项建设工程在设计和施工之前，必须按基本建设程序进行岩土工程勘察。岩土工程勘察不仅要得到正确规划、设计、施工、使用工程建筑所需的地质资料，而且要更多地涉及场地地基岩土体的整治、改造和利用的分析论证，这也体现了岩土工程勘察服务于工程建设全过程的指导思想。岩土工程勘察应按工程建设各勘察阶段的要求，正确反映工程地质条件，查明不良地质作用和地质灾害，精心分析，提出资料完整、评价正确的勘察报告。

岩土工程涉及的工程种类繁多，几乎关系着工程建设的方方面面，但由于不同工程种类的岩土工程勘察目的、任务和内容各不相同，所以在岩土工程勘察时，应按其工程特点划分类别，按工程的重要性、场地及地基土的复杂程度划分勘察级别，按工程设计要求划分勘察阶段，并应遵循相适应的勘察技术标准，保证岩土工程勘察质量和勘察生产技术合理化。岩土工程勘察要求分阶段进行，各勘察阶段的勘察程序主要为承接勘察项目、筹备勘察工作、编写勘察大纲、进行现场勘察、室内岩土（水）试验、整理勘察资料、编写提交勘察报告，具体如下。

（1）承接勘察任务（签订勘察合同）。

通常由建设单位会同设计单位（委托方，简称甲方）委托勘察单位（承包方，简称乙方）进行。签订合同时，甲方需向乙方提供相关文件和资料，并对其可靠性负责。相关文件包括：工程项目批件，用地批件（附红线范围的复制图），岩土工程勘察委托书及技术要求（包括特殊技术要求），勘察场地现状地形图（比例尺需与勘察阶段相适应），勘察范围和建筑总平面布置图各一份（特殊情况可用有相对位置的平面图），已有的勘察与测量资料。

（2）搜集资料、踏勘、编制工程勘察纲要。

这是保证勘察工作顺利进行的重要步骤。在搜集已有资料和野外勘察的基础上，根据合同任务书要求和踏勘调查的结果，分析预估建设场地的复杂程度及其岩土工程性状，按勘察阶段要求布置相适应的勘察工作量，并选择有效的勘察方法和勘探测试手段等。在制订勘察计划时还要考虑勘察过程中可能未预料到的问题，为更改勘察方案留有余地。

（3）工程地质测绘和调查。

在可行性研究勘察阶段和初步勘察阶段进行。对于详细勘察阶段的复杂场地也应考虑工程地质测绘。工程地质测绘之前应尽量利用航片或卫片、遥感影像翻译资料。当场地条件简单时，仅做调查。根据工程地质测绘成果可进行建设场地的工程地质条件分区，对场地的稳定性和建设工程的适宜性进行初判。

（4）现场勘探，采取水样、原状（岩样）土样。

现场勘探方法主要有钻探、井探、槽探、工程物探等，并可配合原位测试和采取原状（岩）土试样水试样，以进行室内土工试验和水分析实验。

（5）岩土测试（包括室内试验和原位测试）。

其目的是为地基基础设计提供岩土技术参数。测试项目通常按岩土特性和建设工程的性质确定。

（6）室内资料分析整理。

（7）提交岩土工程勘察报告。

第二节　岩土工程勘察级别

根据工程重要性等级、场地复杂程度等级和地基复杂程度等级划分岩土工程勘察等级。

一、工程重要性等级

根据地基复杂程度，建筑物规模和功能特征以及由于地基问题可能造成建筑物破坏或影响正常使用的程度，将地基基础设计分为甲、乙、丙3个设计等级，如表1-1所示。岩土工程勘察中，根据工程的规模和特征，以及由于岩土工程问题造成工程破坏或影响正常使用的后果把工程重要性等级划分为一级、二级、三级，与地基基础设计等级相一致，如表1-2所示。工程重要性等级主要考虑工程岩土体或工程结构失稳破坏导致工程建筑毁坏所造成的生命及财产经济损失、社会影响、修复可能性等因素。

表1-1　地基基础设计等级

设计等级	建筑和地基类型
甲级	重要的工业与民用建筑物，30层以上的高层建筑；体型复杂，层数相差超过10层的高低连成一体的建筑物；大面积的多层地下建筑物（如地下车库、商场、运动场等）；对地基变形有特殊要求的建筑物；复杂地质条件下的坡上建筑物（包括高边坡）；对原有工程影响较大的新建建筑物；场地和地基条件复杂的一般建筑物；位于复杂地质条件及软土地区的2层及2层以上地下室的基坑工程
乙级	除甲级、丙级以外的工业与民用建筑物
丙级	场地和地基条件简单、荷载分布均匀的7层及7层以下民用建筑及一般工业建筑物，次要的轻型建筑物

表1-2　工程重要性等级

工程重要性等级	破坏后果	工程类型
一级工程	很严重	重要工程
二级工程	严重	一般工程
三级工程	不严重	次要工程

二、场地复杂程度等级

场地复杂程度等级可以从建筑抗震稳定性、不良地质作用发育情况、地质环境破坏程度、地形地貌条件和地下水条件五个方面综合考虑。

（一）建筑抗震稳定性

按国家标准规定，选择建筑场地时，应根据地质、地形、地貌条件划分对建筑抗震有利、一般、不利和危险四种。

1.危险地段：地震时可能发生滑坡、崩塌、地陷、地裂、泥石流等以及发震断裂带上可能发生地表位错的部位。

2. 不利地段：软弱土，液化土，条状突出的山嘴，高耸孤立的山丘，陡坡，陡坎，河岸和边坡的边缘，平面分布上成因、岩性、性状明显不均匀的土层（含故河道、疏松的断层破碎带、暗埋的塘滨沟谷和半填半挖地基），高含水量的可塑黄土，地表存在结构性裂缝等。

3. 一般地段：不属于有利、不利和危险的地段。

4. 有利地段：稳定基岩，坚硬土，开阔、平坦、密实、均匀的中硬土等。

（二）不良地质作用发育情况

不良地质作用泛指由地球外动力地质作用引起的，对工程建设不利的各种地质作用。它们分布于场地内及其附近地段。主要影响场地稳定性，也对地基基础、边坡和地下洞室等具体的岩土工程有不利影响。

不良地质作用强烈发育是指泥石流沟谷、崩塌，滑坡、土洞、塌陷，岸边冲刷、地下水强烈潜蚀等级不稳定的场地，这些不良地质作用直接威胁着工程安全；不良地质作用一般发育指虽有上述不良地质作用，但并不十分强烈，对工程的安全影响不严重。

（三）地质环境破坏程度

地质环境是指人为因素和自然因素引起的地下采空，地面沉降、地裂缝、化学污染、水位、上升等。例如，采掘固体矿产资源引起的地下采空，抽吸地下液体（地下水、石油）引起的地面沉降，地面塌陷和地裂缝，修建水库引起的边岸再造、浸没、土壤盐碱化，排除废液引起岩土的化学污染，等等。地质环境破坏对岩土工程的影响是不容忽视的，往往对场地稳定性构成威胁。地质环境"受到强烈破坏"，是指对工程的安全已构成直接威胁，如浅层采空，地面沉降盆地的边缘地带，横跨地裂缝，因蓄水而沼泽化等；"受到一般破坏"是指已有或将有上述现象，但不强烈，对工程安全的影响不严重。

（四）地形地貌条件

地形地貌条件主要指的是地形起伏和地貌单元（尤其是微地貌单元）的变化情况。一般来说，山区和丘陵区场地地形起伏大，工程布局较困难，挖填土石方量较大，土层分布较薄且下伏基岩面高低不平。地貌单元分布较复杂，一个建筑场地可能跨多个地貌单元，因此地形地貌条件复杂或较复杂；平原场地地形平坦，地貌单元均一，土层厚度大且结构简单，因此地形地貌条件简单。

（五）地下水条件

地下水是影响场地稳定性的重要因素。地下水的埋藏条件、类型和地下水位等直接影响工程及其建设。

故综合上述影响因素把场地复杂程度划分为一级、二级、三级三个场地等级，划分条件如下。

1. 符合下列条件之一者为一级场地（复杂场地）

（1）对建筑抗震危险的地段。

（2）不良地质作用强烈发育。

（3）地质环境已经或可能受到强烈破坏。

（4）地形地貌复杂。

（5）有影响工程的多层地下水、岩溶裂缝水或其他水文地质条件复杂，需专门研究的场地。

2. 符合下列条件之一为二级场地（中等复杂场地）

（1）对建筑抗震不利的地段。

（2）不良地质作用一般发育。

（3）地质环境已经或可能受到一般破坏。

（4）地形地貌较复杂。

（5）基础位于地下水位以下的场地。

3. 符合下列条件者为三级场地（简单场地）

（1）地震设防烈度等于或小于6度，或对建筑抗震有利的地段。

（2）不良地质作用不发育。

（3）地质环境基本未受破坏。

（4）地形地貌简单。

（5）地下水对工程无影响。

三、地基复杂程度等级

根据地基土质条件划分为一级、二级、三级三个地基等级。土质条件包括：是否存在极软弱的或非均质的需要采取特别处理措施的地层、极不稳定的地基土或需要进行专门分析和研究的特殊土类，对可借鉴的成功建筑经验是否仍需要进行地基的补充验证工作，划分条件如下。

1.符合下列条件之一者为一级地基（复杂地基）

（1）岩土种类多，很不均匀，性质变化大，需特殊处理。

（2）严重湿陷、膨胀、盐渍、污染的特殊性岩土，以及其他情况复杂，需做专门处理的岩土。

2.符合下列条件之一者即为二级地基（中等复杂地基）

（1）岩土种类较多，不均匀，性质变化较大。

（2）除上述规定之外的特殊性岩土。

3.符合下列条件者为三级地基（简单地基）

（1）岩土种类单一，均匀，性质变化不大。

（2）无特殊性岩土。

4.岩土工程勘察分级

综合工程重要性等级、场地复杂程度等级和地基复杂程度等级把岩土工程勘察分为甲、乙、丙三个等级。其目的在于针对不同等级的岩土工程勘察项目，划分勘察阶段，制定有效勘察方案，解决主要工程问题。

第三节　岩土工程勘察阶段的划分

岩土工程勘察服务于工程建设的全过程，它的基本任务是为工程的设计、施工，岩土体的整治改造和利用提供地质资料和必要的技术参数，对有关岩土体问题进行分析评价，保证工程建设中不同阶段设计与施工的顺利进行。因此，岩土工程勘察首先应满足工程设计的要求。岩土工程勘察阶段的划分是与工程设计阶段相适应的，大致可以分为可行性研究勘察（或选址勘察）、初步勘察、详细（或施工图设计）勘察三个阶段。视工程的实际需要，对于工程地质条件（通常指建设场地的地形、地貌、地质构造、地层岩性、不良地质现象和水文地质条件等）复杂或有特殊施工要求的重大工程地基，还需要进行施工勘察。施工勘察并不作为一个固定勘察阶段，它包括施工阶段的勘察和竣工后的一些必要的勘察工作（如检验地基加固效果、当地层现状与勘察报告不符时所做的监测工作或补充勘察等）。

对于场地面积不大、岩土工程条件（包括场地条件、地基条件、工程条件）简单或有建筑经验的地区或单项岩土工程，其勘察可简化为一次性勘察，但勘察工作量布置应满足详细勘察工作要求；对于不良地质作用和地质灾害及特殊性岩土的岩土工程问题，应根据岩土工程的特点和工程性质具体对待；对于专门性工程，如水利水电工程、核电站等工程，应按工程要求，遵循相应的标准或规范进行专门性研究勘察。可行性研究勘察的目的是获取几个场地（场址）方案的主要工程地质资料，对拟选场地的稳定性、适宜性做出岩土工程评价，进行技术、经济论证和方案比较，以选取最优的工程建设场地。

要选取最优工程建设场地或场址，首先需要从自然条件和经济条件两方面进行论证，如场地复杂程度、气候、水文条件、供水水源、交通等。

1. 一般情况下，应力争避开如下工程地质条件恶劣的地区和地段

（1）不良地质作用发育（如崩塌、滑坡、泥石流岸边冲刷、地下潜蚀等），且对建筑物场地稳定性构成直接危害或潜在威胁。

（2）地基土性质严重不良。

（3）对建筑抗震危险。

（4）受洪水威胁或地下水的不利影响严重。

（5）地下有未开采的有价值矿藏或未稳定的地下采空区。

此勘察阶段，主要是在搜集分析已有资料的基础上进行现场踏勘，了解拟建场地的工程地质条件。若场地工程地质条件较复杂，已有资料不足以说明问题时，还应进行必要的工程地质测绘和钻探、工程物探等勘探工作。

2. 勘察工作的主要内容

（1）调查区域地质构造、地形地貌与环境工程地质问题，如断裂、岩溶、区域地震及震情等。

（2）调查第四纪地层的分布及地下水埋藏性状、岩石和土的性质，不良地质作用等工程地质条件。

（3）调查地下矿藏及古文物分布范围。

（4）必要时进行工程地质测绘及少量勘探工作。

3. 勘察的主要任务

（1）分析场地的稳定性和适宜性。

（2）明确选择场地范围和应避开的地段。

（3）进行选址方案对比，确定最优场地方案。

（一）初步勘察阶段

初步勘察的目的是密切配合工程初步设计的要求，对工程建设场地的稳定性做出进一步的岩土工程评价，为确定建筑总平面布置、选择主要建筑物或构筑物

地基基础设计方案和不良地质作用的防治对策提供依据。勘察工作的范围是建设场地内的建筑地段。此阶段的主要勘察技术方法是在分析可行性研究勘察资料等已有资料的基础上，进行工程地质测绘与调查、工程物探、钻探和土工测试（包括室内土工实验和原位测试）。

1. 主要工作内容

（1）根据选址方案范围，按本阶段勘察要求，布置一定的勘探与测试工作量。

（2）查明场地内的地质构造及不良地质作用的具体位置。

（3）探测和评价场地土的地震效应。

（4）查明地下水性质及含水层的渗透性。

（5）搜集当地已有建筑经验及已有勘察资料。

2. 主要工作任务

（1）根据岩土工程条件分区，论证建设场地的适宜性。

（2）根据工程规模及性质，建议总平面布置应注意的事项。

（3）提供地层结构，岩土层物理力学性质指标。

（4）提供地基岩土的承载力及变形量资料。

（5）地下水对工程建设影响的评价。

（6）指出下阶段勘察应注意的问题。

（二）详细勘察阶段

详细勘察的目的是为满足工程施工图设计的要求，对岩土工程设计、岩土体处理与加固及不良地质作用的防治工程进行计算与评价。经过可行性研究勘察和初步勘察以后，建设场地和场地内建筑地段的工程地质条件已查明，详细勘察的工作范围更加集中，主要针对的是具体建筑物地基或其他（如深基坑支护、斜坡开挖岩土体稳定性预测等）具体问题。所以，此勘察阶段所要求的成果资料更详细可靠，而且要求提供更多更具体的计算参数。此勘察阶段的主要工作内容和任务为：

（1）取得附有坐标及地形的工程建筑总布置图，各建筑物的地面整平标高，建筑物的性质、规模、结构特点、可能采取的基础形式，尺寸，预计埋置深度，对地基基础设计的特殊要求等。

（2）查明不良地质作用的成因、类型、分布范围、发展趋势及危害程度，并提出评价与整治所需的岩土技术参数和整治方案建议。

（3）查明建筑范围内各层岩土的类别、结构、厚度、坡度、工程特性，计算和评价地基的稳定性和承载力。

（4）对需进行沉降计算的建筑物，提供地基变形计算参数；预测建筑物的沉降、差异沉降或整体倾斜。

（5）对抗震设防烈度大于或等于6度的场地，应划分场地土类型和场地类别；对抗震设防烈度大于或等于7度的场地，应分析预测地震效应，判定饱和砂土或饱和粉土的地震液化势，并应计算液化指数。

（6）查明地下水的埋藏条件。当进行基坑降水设计时应查明水位变化幅度与规律，提供地层的渗透性参数。

（7）判定水和土对建筑材料及金属的腐蚀性。

（8）判定地基土及地下水在建筑物施工和使用期间可能产生的变化及其对工程的影响，提出防治措施及建议。

（9）对深基坑开挖尚应提供稳定计算和支护设计所需的岩土技术参数，论证和评价基坑开挖、降水等对邻近工程的影响。

（10）提供桩基设计所需的岩土技术参数，并确定单桩承载力；提出桩的类型、长度和施工方法等建议。

为了完成以上勘察任务，钻探、坑深、神探、工程物探等勘探方法，静力触探，标准贯入试验、载荷试验，波速测试等原位测试方法和室内土工试验、现场检验和监测等岩土工程勘察技术方法在此阶段均能发挥其必需的重要作用。此外，地理信息系统（GIS）、全球卫星定位系统（GPS）和地球物理层析成像技术（CT）等新技术已得到广泛应用，尤其是在甲级、乙级岩土工程勘察项目中已取得满意的应用成果资料。

第四节　岩土工程勘察纲要

岩土工程勘察纲要是根据勘察任务的要求和勘探调查结果，按规程规范的技术标准，提出的勘察工作大纲和技术指导书。勘察纲要是否全面、合理，会直接影响岩土工程勘察的进度、质量和后续工作能否顺利进行。

岩土工程勘察纲要一般包括以下主要内容。

（1）勘察委托书及合同、工程名称、勘察阶段、工程性能（安全等级、结构及基础形式、建筑物层数与高度、荷载、沉降敏感性）、整平设计标高等。

（2）勘察场地的自然条件、地理位置及岩土工程地质条件（包括收集的地震资料、水文气象资料和当地的建筑经验）。

（3）指明场地存在的问题和勘察工作的重点。

（4）拟采用的勘察方法、勘察内容，确定并布置勘察工作量。包括勘探点和原位测试的位置、数量、取样深度和质量等。要求勘察方法适宜，工作量适当。钻探、坑深、洞探、工程物探和原位测试工作量以相适应的规范规定为参照。

（5）所遵循的技术标准。

（6）拟提交的勘察成果资料的内容，包括报告书文字章节和主要图表名称。

（7）勘察工作计划进度人员组织和经费预算等。

岩土工程勘察纲要的编写，对现行规范中规定的工程重要性等级为一级和场地地质条件复杂或有特殊要求的工程、重要性等级为二级或一般建筑，均可按以上内容要求详细编写；对其余的岩土工程勘察纲要可适当简化或采用表格形式。

第五节　岩土工程勘察的主要类别及要求

一、房屋建筑与构筑物岩土工程勘察

房屋建筑和构筑物岩土工程勘察包括低层与多层建筑和高层与超高层建筑的岩土工程勘察。按我国和国际标准，低层与多层分别指 1~3 层和 3~9 层或高度不超过 24 m 的工业与民用建筑；高层指 10~30 层或高度为 24~100 m 的建筑，超高层指40层以上或高度大于等于100 m 的建筑。无论是低层、多层、高层还是超高层，其岩土工程勘察均应该是在了解建筑荷载、结构类型、变形要求的基础上依实际勘察级别，分阶段或一次性进行。其主要工作内容有以下几点。

（1）查明场地与地基的稳定性、地层结构、持力层和下卧层的工程特性、土的应力历史和地下水条件及不良地质作用等。

（2）提供满足设计、施工所需的岩土技术参数，确定地基承载力，预测地基变形性状。

（3）提出地基基础、基坑支护、工程降水和地基处理设计与施工方案的建议。

（4）提出对建筑物有影响的不良地质作用的防治方案建议。

（5）对于抗震设防烈度等于或大于 6 度的场地，进行场地与地基的地震效应评价。

1. 可行性研究勘察

可行性研究勘察阶段，应对拟建场地的稳定性和适宜性做出评价，勘察应符合以下要求。

（1）搜集区域地质、地形地貌、地震、矿产、当地的工程地质岩土工程和建筑经验等资料。

（2）在充分搜集和分析已有资料的基础上，通过踏勘了解场地的地层、构造、岩性、不良地质作用和地下水等工程地质条件。

（3）当拟建场地工程地质条件复杂，已有资料不能满足要求时，应根据具体情况进行工程地质测绘和调查及必要的勘探工作。

（4）当有两个或两个以上拟选场地时，应进行比选分析。

2. 初步勘察

（1）初步勘察阶段应对场地内拟建建筑地段的稳定性做出评价，并进行以下主要工作。

1）搜集拟建工程的有关文件、工程地质和岩土工程资料以及工程场地范围的地形图。

2）初步查明地质构造、地层结构、岩土工程特性、地下水埋藏条件。

3）查明场地不良地质作用的成因、分布、规模、发展趋势，并对场地的稳定性做出评价。

4）对抗震设防烈度等于或大于 6 度的场地，应对场地和地基的地震效应做出初步评价。

5）季节性冻土地区，应调查场地土的标准冻结深度。

6）初步判定水和土对建筑材料的腐蚀性。

7）高层建筑初步勘察时，应对可能采取的地基基础类型、基坑开挖与支护、工程降水方案进行初步分析评价。

（2）该勘察阶段的勘探工作应符合下列要求。

1）勘探线应垂直地貌单元、地质构造和地层界线布置。

2）每个地面单元均应布置勘探点，在地貌单元交接部位和地层变化较大的地段，勘探点应予加密。

3）在地形平坦地区，可按网格布置勘探点。

4）对岩质地基，勘探线和勘探点的布置及勘探孔的深度应根据地质构造、岩体特性、风化情况等，按地方标准或当地经验确定；对土质地基，勘探线、勘探点间距及勘探孔深度分别按表 1-3、表 1-4 进行。

表1-3　初步勘察勘探线勘探点间距

地基复杂程度等级	勘探线问题（m）	勘探点间距（m）
一级（复杂）	50~100	30~50
二级（中等复杂）	75-150	40~100
三级（简单）	150~300	75~200

表1-4　初步勘察勘探孔隙孔深度

工程重要性等级	一般性勘探孔（m）	控制性勘探孔（m）
一级（重要工程）	≥15	≥30
二级（一般工程）	10~15	15~30
三级（次要工程）	6~10	10~20

（3）当遇到如下情形之一时，应适当增减勘探孔深度。

1）当勘探孔的地面标高与预计整平地面标高相差较大时，应按其差值调整勘探孔深度。

2）在预定深度内遇基岩时，除控制性勘探孔仍应钻入基岩适当深度外，其他勘探孔达到确认的基岩后即可终止钻进。

3）在预定深度内有厚度较大，且分布均匀的坚实土层（如碎石土、密实砂、老沉积土等）时，除控制性勘探孔应达到规定深度外，一般性勘探孔的深度可适当减小。

4）当有软弱土层时，勘探孔深度应适当增加，部分控制性勘探孔应穿透软弱土层或达到预计控制深度。

5）对重要工业建筑应根据结构特点和荷载条件适当增加勘探孔深度。

（4）初步勘察采取土试样和进行原位测试应符合下列要求。

1）采取土试样和进行原位测试的勘探点应结合地貌单元、地层结构和土的工程性质布置，其数量可占勘探点总数的1/4~1/2。

2）采取土试样的数量和孔内原位测试的竖向间距应按地层特点和土的均匀程度确定；每层土均应采取土试样或进行原位测试，其数量不少于6个。

（5）初步勘察应进行的水文地质工作有以下内容。

1）调查含水层的埋藏条件、地下水类型、补给排泄条件各层地下水位，调查其变化幅度，必要时设置长期观测孔、检测水位变化。

2）当绘制地下水等水位线图时，应根据地下水的埋藏条件和层位，统一测量地下水位。

3）当地下水可能浸湿基础时，应采取水试样进行腐蚀性评价。

3. 详细勘察

详细勘察阶段应按单体建筑物和建筑群提出详细的岩土工程资料和设计、施工所需的岩土参数；对建筑地基做出岩土工程评价，并对地基类型、基础形式、地基处理、基坑支护、工程降水和不良地质作用的防治等提出建议。

（1）应进行的主要工作有以下几点。

1）搜集附有坐标和地形的建筑总平面图，场区的地面整平标高，建筑物的性质、规模、荷载、结构特点、基础形式、埋置深度，地基允许变形等资料。

2）查明不良地质作用的类型、成因、分布范围、发展趋势和危害程度，提出整治方案的建议。

3）查明建筑范围内岩土层的类型、深度、分布、工程特性，分析和评价地基的稳定性、均匀性和承载力。

4）对需进行沉降计算的建筑物，提供地基变形计算参数，预测建筑物的变形特征。

5）查明埋藏的河道、沟滨、墓穴、防空洞、孤石等对工程不利的埋藏物。

6）查明地下水的埋藏条件，提供地下水位及其变化幅度。

7）在季节性冻土地区，提供场地土的标准冻结深度。

8）判定水和土对建筑材料的腐蚀性。

（2）勘探工作量布置。

详细勘察勘探点布置和勘探孔深度，应根据建筑物特性和岩土工程条件确定。对岩质地基，应根据地质构造、岩体特性、风化情况等，结合建筑物对地基的要求，按地方标准或当地经验确定；对土质地基，按表1-5确定勘探点的间距。

表1-5　详细勘察勘探点的间距

地基复杂程度等级	勘探点间距（m）
一级（复杂）	10~15
二级（中等复杂）	15~30
三级（简单）	30~50

1）勘探点布置应满足下列要求。

第一，勘探点宜按建筑物周边线和角点布置，对无特殊要求的其他建筑物可按建筑物和建筑群的范围布置。

第二，同一建筑范围内的主要受力层和有影响的下卧层起伏较大时，应加密勘探点，查明其变化。

第三，重大设备基础应单独布置勘探点；重大的动力机器基础和高耸构筑物，勘探点不宜少于3个。

第四，勘探手段宜采用钻探与触探相结合，在复杂地质条件、湿陷性土、膨胀岩土、风化岩和残积土地区，宜布置适量探井。

第五，单栋高层建筑勘探点的布置，应满足对地基均匀性评价的要求，且不应少于4个；对密集的高层建筑群，勘探点可适当减少，但每栋建筑物至少应有1个控制性勘探点。

2）详细勘察勘探孔的深度自基础底面算起确定，应符合下列要求。

第一，勘探孔深度应能控制地基主要受力层，当基础底面宽度不大于5 m时，勘探孔的深度对条形基础不应小于基础底面宽度的3倍，对单独柱基不应小于1.5倍，且不应小于5 m基础底面。

第二，对高层建筑和需做变形计算的地基、控制性勘探孔的深度应超过地基变形计算深度；高层建筑的一般性勘探孔应达到基底下0.5~1.0倍的基础宽度，并深入稳定分布的地层。

第三，对仅有地下室的建筑或高层建筑的群房，当不能满足抗浮设计要求，需设置抗浮桩或锚杆时，勘探孔深度应满足抗浮承载力评价的要求。

第四，当有大面积地面堆载或软弱下卧层时，应适当加深控制性勘探孔的深度。

第五，在上述规定深度内，当遇到基岩或厚层碎石土等稳定地层时，勘探孔深度应根据情况进行调整。

3）勘探孔深度在满足以上要求的同时，还应符合下列规定。

第一，地基变形计算深度，对中、低压缩性土可取附加压力等于上覆土层有效自重压力20%的深度，对高压缩性土层可取附加压力等于上覆土层有效自重压力10%的深度。

第二，建筑总平面内的裙房或仅有地下室部分（或当基底附加压力p≤0时）的控制性勘探孔的深度可适当减小，但应深入稳定分布地层，且根据土质条件不宜少于基底下0.5~1.0倍基础宽度。

第三，当需进行地基整体稳定性验算时，控制性勘探孔深度应根据具体条件满足验算要求。

第四，当需确定场地抗震类别而邻近无可靠的覆盖层厚度资料时，应布置波速测试孔，其深度应满足确定覆盖层厚度的要求。

第五，大型设备基础勘探孔深度不宜小于基础底面积宽度的2倍。

第六，当需进行地基处理时，勘探孔的深度应满足地基处理设计与施工要求；当采用桩基时，勘探孔的深度应满足桩基础方面的要求。

（3）详细勘察采取土试样和进行原位测试应符合下列要求。

1）采取土试样和进行原位测试的勘探点数量，应根据地层结构，地基土均匀性和工程特点确定，且不应少于勘探孔总数的 1/2，钻探取土试样孔的数量不应少于勘探孔总数的 1/3。

2）每个场地每一主要土层的原状土试样和原位测试数据不应少于 6 件（组），当采用连续记录的静力触探或动力触探为主要勘察手段时，每个场地不应少于 3 个孔。

3）在地基主要受力层内，对厚度大于 0.5 m 的夹层或透镜体，应采取土试样或进行原位测试。

4）当土层性质不均匀时，应增加取土数量或原位测试工作量。

当基坑或基槽开挖后，岩土条件与勘察资料不符或发现有必须查明的异常情况时，应进行施工勘察。在工程施工或使用期间，当地基土、边坡体、地下水等发生未曾估计到的变化时，应进行监测，并对工程和环境的影响进行分析评价。

二、地下洞室岩土工程勘察

随着人类工程建设和科技水平的进步，工程建筑向地下发展是一种趋势。但是，地下洞室工程在具有不占用地表面积，不受外界气候影响、无噪声、隐蔽性好等优点的同时，也存在围岩影响建筑物稳定性、施工环境差、投资大、施工安全性差等问题。地下洞室围岩的质量分级应与洞室设计采用的标准一致，无特殊要求时，可根据现行国家标准《工程岩体分级标准》（GB50218）执行，地下铁道围岩应按现行国家标准《地下铁道、轻轨交通岩土工程勘察规范》（GB50307）执行。

以下主要以人工开挖的无压地下洞室岩土工程勘察为主。

1. 各勘察阶段的目的、内容和要求

地下洞室涉及土体洞室和岩体洞室，所以对于土体洞室和岩体洞室的岩土工程勘察均宜按表 1-6 进行。

表1-6　各勘察阶段的目的、内容和要求

勘察阶段	范围	目的	内容与要求
可行性研究勘察	包括若干个初步比选的场地	根据工程的用途、性质、规模及国家的规划部署，为方案比选提供资料	通过搜集区域地质资料，现场勘探和调查，了解拟选方案的地形地貌、地层岩性、地质构造、工程地质、水文地质和环境条件。做出可行性评价、选择合适的地址和洞口
初步勘察	已选定场地及其周边	查明选定方案的地质条件和环境条件，初步确定岩体质量等级（围岩类别），对洞址和洞口的稳定性做出评价，为初步设计提供依据	一般以工程地质测绘和调查为主，必要时辅以少量的勘探与试验。应主要查明下列问题：地貌形态和成因类型；地层岩性、产状、厚度、风化程度，断裂和主要裂隙的性质、产状，充填，胶结，贯通及组合关系；不良地质作用的类型、规模和分布；地震地质背景；地应力的最大主应力作用方向；地下水类型、埋藏条件、排泄和动态变化；地表水体的分布及其与地下水的关系；洞室穿越地面建筑、地下构筑物、管道等既有工程的相互影响
详细勘察	选定的地址及洞室	详细查明工程地质和水文地质条件，分段划分岩体质量等级。评价洞室的稳定性，为设计支护结构和确定施工方案提供资料	应采用钻探、钻孔物探和测试为主的勘察方法。主要进行以下工作：查明地层岩性及其分布，划分岩组和风化程度，进行岩石物理力学性质试验；查明断裂构造和破碎带的位置、规模、产状和力学属性，划分岩体结构类型；查明不良地质作用的类型、性质、分布，并提出防治措施的建议；查明主要含水层的分布、厚度、埋深，地下水的类型、水位，预测开挖期间出水状态、涌水量和水质的腐蚀性；城市地下洞室需降水施工时，应分段提出工程降水方案和有关参数；查明洞室所在位置及邻近地段的地面建筑和地下构筑物、管线状况，预测洞室开挖可能产生的影响，提出防护措施
施工勘察	洞室内及与其有关的地段	为在施工中验证和补充前阶段资料，预测和解决施工中新揭露的岩土工程问题。为调整围岩类别，修改设计和施工方法提供依据	应配合道洞或毛洞开挖进行，主要进行下列工作：施工地质编录和地质图件编制。参加施工、监测系统设计，监控分析和数值分析；进行超前地质预报、探明坑道掌子面前方的地层、构造，水量，水压以及有无地热、岩爆等问题；测定围岩的地应力、弹性波速度及岩石物理力学性质，修正围岩类别；进行围岩稳定性分析，测定开挖后围岩变形、松弛范围及随时间空化速度；测定支护系统的应力应变，对支护参数及施工方案及时提供修改建议

2.初步勘察

初步勘察时，勘探与测试工作应满足下列要求。

（1）采用浅层地震剖面法或其他有效方法圈定隐伏断裂、构造破碎带，查明基岩埋深，划分风化带。

（2）勘探点宜沿洞室外侧交叉布置，勘探点间距宜为 100~200 m，采取试样和原位测试勘探孔不宜少于勘探孔总数的 2/3；控制性勘探孔深度，对岩体基本质量等级为Ⅰ级和Ⅱ级的岩体宜钻入洞底设计标高下 1~3 m，对Ⅰ级岩体宜钻入 3~5 m，对Ⅳ级、Ⅴ级的岩体和土层，勘探孔深度应根据实际情况确定。

（3）每一主要岩层和土层均应采取试样。当有地下水时，应采取水试样；当洞区存在有害气体和地温异常时，应进行有害气体成分、含量或地温测定；对高地应力地区，应进行地应力测量。

（4）必要时可进行钻孔弹性波或声波测试，钻孔 CT 或钻孔电磁波 CT 测试。

（5）室内岩石试验和土工试验项目，应按相应规定执行。

3. 详细勘察

详细勘察时，勘探和测试工作应满足下列要求。

（1）可采用浅层地震勘探和孔间地震 CT 或孔间电磁波 CT 测试等方法，详细查明基岩埋深岩石风化程度，隐伏体（溶洞、破碎带等）的位置，在钻孔中进行弹性波波速测试，为确定岩体质量等级、评价岩体完整性、计算动力参数提供资料。

（2）勘探点宜在洞室中线外侧 6~8 m 交叉布置，山区地下洞室按地质构造布置，且勘探点间距不应大于 50 m；城市地下洞室的勘探点间距，岩体变化复杂的场地宜小于 25 m，中等复杂的宜为 25~40 m，简单的宜为 40~80 m。

（3）采集试样和原位测试勘探孔数量不应少于勘探孔总数的 1/2。

（4）第四系中的控制性勘探孔深度应根据工程地质、水文地质条件、洞室埋深、防护设计等需要确定，一般性勘探孔可钻至基底设计标高下 6~10 m，控制性勘探孔深度，可按初步勘察要求进行。

在地下洞室岩土工程勘察中，凭工程地质测绘、工程物探和少量的钻探工作，其精度是难以满足施工要求的，尚需依靠施工勘察和超前地质预报加以补充和修正。因此，施工勘察和地质超前预报关系着地下洞室掘进速度和施工安全，可以起到指导设计和施工的作用。超前地质预报主要包括下列内容：①断裂、破碎带和风化囊的预报；②不稳定块体的预报；③地下水活动情况的预报；④地应力状况的预报。超前预报的方法，主要有超前导坑预报法、超前钻孔测试法、掌子面位移量测法等。

三、岸边工程的岩土工程勘察

岸边工程包括港口工程、造船和修船水工建筑物以及取水构筑物工程，主要有码头、船台、船坞、护岸、防波堤等在江、河、湖、海的水陆交界处或近岸浅水中兴建的水工建筑及构筑工程。

岸边工程通常有以下特点。

（1）建筑场地工程地质条件复杂。地形坡度大，位于水陆交接地带；地貌上跨越两个或两个以上地貌单元；地层复杂、多变，常分布高灵敏性软土、混合土、层状构造土及风化岩；由于受地表水的冲淤作用和地下水动压力影响，岸坡坍塌、滑坡、冲淤、侵蚀、管道等不良地质作用发育。

（2）作用于水工建筑物及其基础上的外力频繁、强烈且多变。

（3）施工条件复杂。一般采用水下施工，会受到风浪、潮汐、水流等水动力作用。

因此，岸边工程的岩土工程勘察，宜分为可行性研究勘察、初步设计勘察和施工图设计勘察三个阶段进行。对于小型工程、场地已经确定的单项工程、场地岩土工程条件简单或已有资料充分的地区，可简化勘察阶段或一次性施工图设计勘察；对于岩土工程条件复杂的重要建筑物地基和遇有地质条件与勘察资料不符而影响施工以及地基中存在岩溶、土洞等需地基处理，或需改变地基基础形式等问题时，除按阶段勘察外，还应配合设计和施工，进行施工勘察。岸边工程勘察应着重查明下列内容。

（1）地貌特征和地貌单元交界处的复杂地层。

（2）高灵敏度软土、混合土等特殊性土和基本质量等级为V级岩体的分布和工程特性。

（3）岸边滑坡、崩塌、冲刷、淤积、潜蚀、沙丘等不良地质作用。

1.可行性研究勘察

可行性研究勘察阶段应以搜集资料、工程地质测绘或踏勘调查为主，内容包括地层分布、构造特点、地貌特征、岸坡形态、冲刷淤积、水位升降、岸滩变迁、淹没范围等情况和发展趋势。必要时进行适量勘探工作，并应对岸坡稳定性和适宜性做出评价，提出最优场址方案的建议。

勘察的主要内容有以下几点。

（1）地貌类型及其分布、港湾或河段类型、岸坡形态和冲淤变化。

（2）地层成因、时代、岩土性质与分布。

（3）对场地稳定有影响的地质构造和地震活动情况。

（4）不良地质作用和地下水情况。

（5）岸坡的整体稳定性，尤其是水的运动（潮汐、涌浪、地下水等）对岸坡的影响。

2.初步设计勘察

初步设计勘察应满足合理确定总平面布置、结构形式。基础类型和施工方法的需要，对不良地质作用的防治提出方案和建议。宜以工程地质测绘（1：2000~1：5000）与调查、钻探、原位测试和室内岩土试验为主要勘察方法。初步勘探应符合下列规定。

（1）工程地质测绘，应调查岸线变迁和动力地质作用对岸线变迁的影响，埋藏河、湖、沟谷的分布及其对工程的影响，潜蚀、沙丘等不良地质作用的成因、分布、发展趋势及其对场地稳定性的影响。

（2）勘探线宜垂直岸向布置；勘探线和勘探点的间距，应根据工程要求、地貌特征、岩土分布、不良地质作用等确定；岸坡地段和岩石与土层组合地段宜适当加密。

（3）勘探孔的深度应根据工程规模、设计要求和岩土条件确定。

（4）水域地段可采用浅层地震剖面或其他物探方法。

（5）对场地的稳定性应做出进一步评价，并对总平面布置、结构和基础形式、施工方法和不良地质作用的防治提出建议。

3.施工图设计勘察

施工图设计勘察应详细查明各个建筑物、构筑物影响范围内的岩土分布和物理力学性质，影响岸坡和地基稳定性的不良地质条件，为岸坡、地基稳定性验算、地基基础设计、岸坡设计、地基处理与不良地质作用治理提供详细的岩土工程资料。勘探线和勘探点应结合地貌特征和地质条件，根据工程总平面布置确定，复杂地基地段应予加密。勘探孔深度应根据工程规模、设计要求和岩土条件确定，除建筑物和结构物特点外，应考虑岸坡稳定性、坡体开挖、支护结构、桩基等的分析计算需要。此阶段采用的勘察方法主要是钻探、原位测试和室内岩土物理力学试验、渗透试验。

四、基坑工程的岩土工程勘察

为了进行多层、高层和超高层建筑物（构筑物）基础或地下室的施工，必须在地面以下开挖基坑。当基坑开挖深度超过自然稳定的临界深度时，为保证基础或地下室安全施工及基坑周边环境（指基坑开挖影响范围内既有建筑物和构筑物、道路、地下设施、管线、岩土体、地下水体等）的安全必须对基坑开挖侧壁及周边环境采用支挡或加固措施。对于高层、超高层深度超过 7 m 的深基坑开挖与支护工程面临的勘察任务尤为艰巨。基坑可分为土质基坑和岩质基坑，在绝大多数情况下涉及的是土质基坑，所以我们以土质基坑为重点。对岩质基坑，应根据场地的地质构造、岩体特征、风化情况、基坑开挖深度等按当地标准或当地经验进行勘察。

基坑工程勘察宜满足如下要求。

（1）需进行基坑设计的工程，勘察时应包括基坑工程勘察的内容。在初步勘察阶段，应根据岩土工程条件，初步判定可能发生的问题和需要采取的支护措施。在详细勘察阶段，应针对基坑工程设计的要求进行勘察；在施工阶段，必要时应进行补充勘察。

（2）基坑工程勘察范围和深度应根据场地条件和设计要求确定。勘察平面范围宜超出开挖边界外开挖深度的 2~3 倍。在深厚软土区，勘察范围应适当扩大。勘探深度应满足基坑支护结构设计的要求，宜为开挖深度的 2~3 倍。若在此深度内遇到坚硬黏性土、碎石土和岩层，可根据岩土类别和支护设计要求减小深度。勘探点间距应视地层复杂程度而定，可在 15~30 m 内选择，地层变化较大时，应增加勘探点，查明地层分布规律。

（3）根据地层结构及岩土性质，评价施工造成的应力、应变条件和地下水条件的改变对土体的影响。

（4）当场地水文地质条件复杂，在基坑开挖过程中需要对地下水进行控制时，应进行专门的水文地质勘察。

（5）当基坑开挖可能产生流沙、流土、管涌等渗透性破坏时，应进行针对性勘察，分析评价其产生的可能性及对工程的影响。当基坑开挖过程中有渗流时，地下水的渗流作用宜通过渗流计算确定。

（6）应进行基坑环境状况的调查，查明邻近建筑物和地下设施的现状、结构特点以及对施工振动、开挖变形的承受能力。在城市地下管网密集分布区，可通过地理信息系统或其他档案资料了解管线的类别、平面位置、埋深和规模，必要时应采用有效方法进行地下管线探测。

（7）在特殊性岩土分布区进行基坑工程勘察时，可根据特殊性岩土的相关规定进行勘察，对软土的蠕变和长期强度，软岩和极软岩的失水崩解，膨胀土的膨胀性和裂缝性以及非饱和土增湿软化等对基坑的影响进行分析评价。

（8）在取得勘察资料的基础上，根据设计要求，针对基坑特点，应提出解决下列问题的建议。

1）分析场地的地层结构和岩土的物理力学性质，提出对计算参数取值及支护方式的建议。

2）提出地下水的控制方法及计算参数的建议。

3）提出施工过程中应进行的具体现场监测项目建议。

4）提出基坑开挖过程中应注意的问题及其防治措施的建议。

（9）基坑工程勘察应针对以下内容进行分析，提供有关计算参数和建议。

1）边坡的局部稳定性、整体稳定性和坑底抗隆起稳定性。

2）坑底和侧壁的渗透稳定性。

3）挡土结构和边坡可能发生的变形。

4）降水效果和降水对环境的影响。

5）开挖和降水对邻近建筑物和地下设施的影响。

工程测试参数包括：含水量，重度，固结快剪强度峰值指标（c、p），三轴不排水强度峰值指标（cu、Ru），渗透系数（K），测试水平与垂直变形计算所需的参数。抗剪强度参数是基坑支护设计中最重要的参数，由于不同的试验方法（有效应力法或总应力法，直剪或三轴，UU 或 CU）可能得出不同的结果。所以，在勘探时，应按照设计所依据的规范、标准的要求进行试验，提供数据。

五、边坡工程的岩土工程勘察

在市政建设和铁路、公路修建中经常会遇到人工边坡或自然边坡，而边坡的稳定性则直接影响着市政工程、铁路和公路运行。故边坡岩土工程勘察的目的就是查明边坡地区的地貌形态、影响边坡的岩土工程条件，评价其稳定性。

1.边坡岩土工程勘察的主要内容

（1）查明边坡地区地貌形态及其演变过程、发育阶段和微地貌特征，查明滑坡、危岩、崩塌、泥石流等不良地质作用及其范围和性质。

（2）查明岩土类型、成因、工程特性和软弱层的分布界线、覆盖层厚度、基岩面的形态和坡度。

（3）查明岩体主要结构面的类型、产状、延展情况、闭合程度、充填状况、充水状况、力学属性和组合关系，主要结构面与临空面关系，是否存在外倾结构面。

（4）查明地下水的类型、水位、水压、水量、补给和动态变化、岩土的透水性及地下水的出露情况。

（5）查明地区气象条件（特别是雨期、暴雨强度）、汇水面积、坡面植被、地表水对坡面、坡脚的冲刷情况。

（6）确定岩土的物理力学性质和软弱结构面的抗剪强度，提出斜坡稳定性计算参数，确定人工边坡的最优开挖坡形及坡角。

（7）采用工程地质类比法，图解分析法和极限平衡法评价边坡稳定性，对不稳定边坡提出整治措施和监测方案。

表 1-7　不同规范、规程对土压力计算的规定

规范、规程、标准	计算方法	计算参数	土压力调整
原建设部行业标准	采用朗肯理论砂土、粉土水土分算，黏性土有经验时水土合算	直剪固结快剪峰值 c、ψ 或三轴 c_{cu}、ψ_{cu}	主动侧开挖面以下土自重压力不变
原冶金部行业标准	采用朗肯理论或库伦理论。按水土分算原则计算。有经验时对黏性土也可以水土合算	分算时采用有效应力指标 c'、ψ' 或用 c_{cu}、ψ_{cu} 代替，合算时采用 c_{cu}、ψ_{cu} 乘以 0.7 的强度折减系数	有邻近建筑物基础时，$K=（K_0+K_a）/2$。被动区不能充分发挥时，$K_{mp}=（0.3-0.5）K_p$
湖北省规定	采用朗肯理论黏性土，粉土水土合算、企土水土分算，有经验时也可本土合算	分算时采用有效应力指标 c'、ψ'，合算时采用总应力指标 c、ψ 提供有强度指标的经验值	一般不做调整
深圳规范	采用朗肯理论水位以上水土合算：水位以下黏性土水土合算，粉土、砂土、碎石土水土分算	分算时采用有效应力指标 c'、ψ'，合算时采用总应力指标 c、ψ	无规定
上海规范	采用朗肯理论以水土分算为主，对水泥土围护结构水土合算	水土分算采用 c_{cu}、ψ_{cu} 水土合算采用经验主动土压力系数 K	对有支撑的结构开挖面以下土压力为矩形分布。提出用动土压力概念，提高的主动土压力系数介于 $K_0\sim（K_0+K_a）/2$ 之间，降低的被动土压力系数介于（0.5~0.9）K_p 之间
广州规定	采用朗肯理论以水土分算为主，有经验时对黏性土、泄泥可水土合算	采用 c_{cu}、ψ_{cu} 有经验时可采用其他参数	开挖面以下采用矩形分布模型

2. 各阶段勘察要求

大型边坡岩土工程宜分阶段进行，各阶段勘察应符合如下要求。

（1）初步勘察应搜集地质资料，进行工程地质测绘和调查，少量的勘探和室内试验；初步评价边坡的稳定性。

（2）详细勘察应对可能失稳的边坡及相邻地段进行工程地质测绘、勘探、试验、观测和分析计算，做出稳定性评价，对人工边坡提出最优开挖坡角；对可能失稳的边坡提出防护处理措施的建议。

（3）施工勘察应配合施工开挖进行地质编录、核对。补充前阶段的勘察资料，必要时，进行施工安全预报，提出修改设计的建议。

3. 其他

边坡岩土勘察方法以工程地质测绘和调查、钻探、室内岩土试验，原位测试和必要的工程物探为主。其中工程地质测绘，岩土测试及勘探线布置宜参照以下要求进行。

（1）工程地质测绘应查明边坡的形态及坡角。软弱层和结构面的产状、性质等。测绘范围应包括可能对边坡稳定有影响的所有地段。

（2）勘探线应垂直边坡走向布置，勘探点间距不宜大于 50 m，当遇有软弱夹层或不利结构面时，勘探点可适当加密。勘探点深度应穿过潜在滑动而并深入稳定层内 2~3 m，坡角处应达到地形剖面的最低点，探洞宜垂直于边坡。当重要地质界线处有薄覆盖层时，宜布置探槽。

（3）主要岩土层及软弱层应采取试样。每层的试样对土层不应少于 6 件，对岩层不应少于 9 件；软弱层可连续取样。

（4）抗剪强度试体的剪切方向应与边坡的变形方向一致，三轴剪切试验的最高围压及直剪试验的最大法向压力的选择，应与试样在坡体中的实际受荷情况相近。对控制边坡稳定的软弱结构面，宜进行原位剪切试验。对大型边坡，必要时可进行岩体应力测试、波速测试、动力测试、模型试验。抗剪强度指标，应根据实测结果结合当地经验确定，并宜采用反分析方法验证。对永久型边坡，尚应考虑强度可能随时间降低的效应。水文地质试验包括地下水流速、流向、流量和岩土的渗透性试验等。

（5）大型边坡的监测内容应包括边坡变形，地下水动态及易风化岩体的风化速度等。

六、管道和架空线路的岩土工程勘察

管道和架空线路工程简称为管线工程，是一种线形工程，包括：长输油、气管道线路，输水、输煤等管线工程，穿、跨越管道工程和高压架空送电线路，大型架空管道等大型的架空线路工程。其特点是通过的地质地貌单元多，地形变化大，各种不良地质作用和特殊土体都可能会遇到，故管道和架空线路岩土工程勘察的主要任务就是查明管线经过处一定范围内的地质条件，分析评价稳定性、适宜性，提出预防和解决可能发生的岩土工程地质问题的措施。管道和架空线路工程一般按架设性质分为管道工程（埋设管线工程）、架空线路工程两种。

（一）管道工程

管道工程包括地面敷设管道和大型穿、跨越工程，如油气管道、输水输煤管道、尾矿输送管道、供热管道等。

管道工程勘察与其设计相适应而分阶段进行。大型管道工程和大型穿、跨越工程应分为选线勘探、初步勘察、详细勘察三个阶段。中型工程可分为选线勘察、详细勘察两个阶段。对于岩土工程条件简单或有工程经验的地区，可适当简化勘察阶段。如小型线路工程和小型穿、跨越工程一般一次性达到详细勘察要求。

1.选线勘探

选线勘察是一个重要的勘察阶段。如果选线不当，管道沿线的滑坡、泥石流等不良地质作用和其他岩土工程地质问题就较多，往往不易整治，从而增加工程投资，给国家造成人力物力上的浪费。因此，在选线勘察阶段，应通过搜集资料、工程地质测绘与调查，掌握各线路方案的主要岩土工程地质问题，对拟选穿、跨越河段的稳定性和适宜性做出评价。选线勘察应符合下列要求。

（1）调查沿线地形地貌、地质构造、地层岩性、水文地质等条件，推荐线路越岭方案。

（2）调查各方案通过地区的特殊性岩土和不良地质作用，评价其对修建管道的危害程度。

（3）调查控制线路方案河流的河床、河岸坡的稳定性程度，提出穿、跨越方案比选的建议。

（4）调查沿线水库的分布情况、近期和远期规划，水库水位、回水浸没和塌岸的范围及其对线路方案的影响。

（5）调查沿线矿产、文物的分布概况。

（6）调查沿线地震动参数或抗震设防烈度。

穿越和跨越河流的位置应选择河段顺直与岸坡稳定，水流平缓，河床断面大致对称，河床岩土构成比较单一，两岸有足够施工程度等有利河段。宜避开如下河段。

（1）河道异常弯曲，主流不固定，经常改道。

（2）河床为粉细砂组成，冲淤变幅大。

（3）岸坡岩土松软，不良地质作用发育，对工程稳定性有直接影响或潜在威胁。

（4）断层河谷或发震断裂。

2. 初步勘察

初步勘探主要是在选线勘察的基础上，进一步搜集资料，现场踏勘，进行工程地质测绘和调查。对拟选线路方案的岩土工程条件做出初步评价，协同设计人员选择出最优路线方案。该阶段主要的勘察技术方法是工程地质测绘和调查，尽量利用天然和人工露头，只在地质条件复杂、露天条件不好的地段，才进行简要的勘探工作。管道通过河流、冲沟等地段宜进行物探，地质条件复杂的大中型河流应进行钻探。每个穿、跨越方案宜布置勘探点 1~3 个，勘探孔深度宜为管道埋设深度以下 1~3 m（可参照详细勘察阶段的要求）。

初步勘察的主要勘察内容有以下几点。

（1）划分沿线的地貌单元。

（2）初步查明管道埋设深度内岩土的成因、类型、厚度和工程特性。

（3）调查对管道有影响的断裂的性质和分布。

（4）调查沿线各种不良地质作用的分布，性质、发展趋势及其对管道的影响。

（5）调查沿线井、泉的分布和地下水位情况。

（6）调查沿线矿藏分布及开采和采空情况。

（7）初步查明拟穿、跨越河流的洪水淹没范围，评价岸坡稳定性。

3. 详细勘察

详细勘察应在工程地质测绘和调查的基础上布置一定的钻探、工程物探等勘探工作，主要查明管道沿线的水文地质、工程地质条件及环境水对金属管道的腐蚀性，提出岩土工程设计参数和建议；对穿、跨越工程应论述岸坡的稳定性，提出护岸措施。

详细勘察勘探点布置应满足下列要求。

（1）对管道线路工程，勘探点间距视地质条件复杂程度而定，宜为 200~1000 m，包括地质勘察点及原位测试点，并应根据地形、地质条件复杂程度适当增减；勘探孔深度宜为管道埋设深度以下 1~3 m。

（2）对管道穿越工程，勘探点应布置在穿越管道的中线上，偏离中线不应大于 3 m，勘探点间距宜为 30~100 m，并不应少于 3 个；当采用沟埋敷设方式穿越时，勘探孔深度宜钻至河床最大冲刷深度以下 3~5 m；当采用顶管或定向钻方式穿越时，勘探孔深度应根据设计要求确定。

（二）架空线路工程

架空线路工程，如 220 kV 及其以上的高压架空送电线路、大型架空索道等。大型架空线路工程勘探与其设计相适应，分为初步设计勘察和施工图设计勘察两个阶段。小型的架空线路工程可合并一次性勘探。

1. 初步设计勘察

初步设计勘察应为选定线路工程路径方案和重大跨越段提出初步勘察成果，并对影响线路取舍的岩土工程问题做出评价，推荐出地质地貌条件好、路径短、安全、经济、交通便利、施工方便的最佳线路路径方案。其主要勘察方法是搜集和利用航测资料。

该阶段的主要勘察任务有以下几点。

（1）调查沿线地形地貌、地质构造、地层岩性和特殊性岩土的分布、地下水及不良地质作用，并分段进行分析评价。

（2）调查沿线矿藏分布、开发计划与开采情况：线路宜避开可采矿层；对已开采区，应对采空区的稳定性进行评价。

（3）对大跨越地段，应查明工程地质条件，进行岩土工程评价，推荐最优跨越方案。

（4）对大跨越地段，应做详细的调查或工程地质测绘，必要时，辅以少量的勘探、测试工作。

2. 施工图设计勘察

施工图设计勘察是在已经选定的线路下进行杆塔定位、塔基勘探，结合塔位（转角塔、终端塔、大跨越塔等）进行工程地质调查、勘探和岩土性质测试及必要的计算工作，提出合理的塔基基础和地基处理方案及施工方法等。架空线路工程杆塔基础受力的基本特点是承受上拔力、下压力或者倾覆力。因此，应参照原水利电力部标准《送电线路基础设计技术规定》（SDGJ62-84），根据杆塔性质（如直线塔、耐张塔、终端塔等）进行基础上拔稳定计算、基础倾覆计算和基础下压地基计算。

施工图设计勘察要求有以下几点。

（1）平原地区应查明塔基土层的分布、埋藏条件、物理力学性质、水文地质条件及环境水对混凝土和金属材料的腐蚀性。

（2）丘陵和山区除查明塔基土层的分布、埋藏条件、物理力学性质、水文地质条件及环境水对混凝土和金属材料的腐蚀性外，应查明塔基近处的各种不良地质作用，提出防治措施建议。

（3）大跨越地段应查明跨越河道的地形地貌，塔基范围内地层岩性、风化破碎程度、软弱夹层及其物理力学性质；查明对塔基有影响的不良地质作用，并提出防治措施建议。

（4）对特殊设计的塔基和大跨越塔基，当抗震设防烈度等于或大于6度时，勘察工作应满足场地和地基的地震效应的有关规定。

七、桩基础岩土工程勘察

1. 桩基岩土工程勘察的内容

（1）查明场地各层岩土的类型、深度、分布、工程特性和变化规律。

（2）当采用基岩作为桩的持力层时，应查明基岩的岩性、构造、岩面变化、风化程度，确定其坚硬程度、完整程度和基本质量等级，判定有无洞穴、临空面、破碎岩体或软弱岩层。

（3）查明水文地质条件，评价地下水对桩基设计和施工的影响，判定水质对建筑材料的腐蚀性。

（4）查明不良地质作用，可液化土层和特殊性岩土的分布及其对桩基的危害程度，并提出防治措施的建议。

（5）评价成桩可能性，论证桩的施工条件及其对环境的影响。

桩基岩土工程勘察宜采用钻探和触探以及其他原位测试相结合的方式进行。对软土、黏性土、粉土、砂土的测试手段，宜采用静力触探和标准贯入试验；对碎石土宜采用重型或超重型圆锥动力触探试验。

为了满足设计时验算地基承载力和变形的需要，勘探点应布置在柱列线位置上，对群桩应根据建筑物的体型布置在建筑物轮廓的角点、中心和周边位置上。

2. 勘探点的间距及勘探孔的深度要求

（1）土质地基勘探点间距应符合下列规定。

1）对端承桩宜为12~24 m，相邻勘探孔揭露的持力层层面高差宜控制为1~2 m。

2）对摩擦桩宜为20~35 m，当地层条件复杂，影响成桩或设计有特殊要求时，勘探点应适当加密。

3）复杂地基的一柱一桩工程，宜每柱设置勘探点。

（2）一般性勘探孔的深度应达到预计桩长以下（3~5）d（d 为桩径），且不得小于 3 m；对大直径桩，不得小于 5 m。

（3）控制性勘探孔深度应满足下卧层验算要求；对雷验算沉降的桩基，应超过地基变形计算深度。

（4）钻至预计深度遇软调层时，应予以加深；在预计勘探孔深度内遇稳定整实岩土时，可适当减小深度。

（5）对嵌岩桩，应钻入预计嵌岩面以下（3~5）d，并穿过溶洞、破碎带，到达稳定地层。

（6）对可能有多种桩长方案时，应根据最长桩方案确定。

八、废弃物处理工程的岩土工程勘察

废弃物处理工程主要指工业废渣（矿山尾矿、火力发电厂灰渣、氧化铝厂赤泥等）堆场、垃圾填埋场等固体废弃物处理工程（不含核废料处理），主要有平地型、山谷型、坑埋型等弃物堆填场。对于山谷型堆填场，不仅有坝，还有其他工程设施，一般由下列工程组成。

（1）初期坝，一般为土石坝，有的上游用砂石、土工布组成反滤层。

（2）堆填场，即库区，有的还设截洪沟，防止洪水入库。

（3）管道、排水井、隧洞等，用以输送尾矿、灰渣，降水、排水。对于垃圾堆填场，尚有排气设施。

（4）截污坝、污水池、截水墙、防渗帷幕等，用以几种有害渗出液，防止堆场周围环境的污染，对垃圾填埋场尤为重要。

（5）加高坝，废弃物堆填超过初期坝高后，用废渣加高坝体。

（6）污水处理厂、办公用房等建筑物。

（7）垃圾填埋场的底部设有复合型密封层，顶部设有密封层；赤泥堆场底部也有土工膜或其他密封层。

（8）稳定、变形、渗漏、污染等的检测系统。

1.勘察的主要内容

废弃物处理工程的岩土工程勘察应配合工程建设分阶段进行，可分为可行性研究勘察、初步勘察、详细勘察。勘察范围包括堆填场（库区）、初期坝、相关的管线,隧洞等构筑物和建筑物,以及邻近相关地段,并应进行地方建筑材料勘察。

废弃物处理工程应着重查明下列内容。

（1）地形地貌特征和气象水文条件。

（2）地质构造、岩土分布和不良地质作用。

（3）岩土的物理力学性质。

（4）水文地质条件岩土和废弃物的渗透性。

（5）场地、地基和边坡的稳定性。

（6）污染物的运移，对水源和岩土的污染，对环境的影响。

（7）筑坝材料和防渗覆盖用黏土的调查。

（8）全新活动断裂、场地地基和堆积体的地震效应。

2.勘察的方法、目的和任务

废弃物处理工程勘察前应搜集以下技术资料。

（1）废弃物的成分、粒度、物理和化学性质，废弃物的日处理量、输送和排放方式。

（2）堆场或填埋场的总容量、有效容量和使用年限。

（3）山谷型堆填场的流域面积、降水量、径流量及多年一遇洪峰流量。

（4）初期坝的坝长和坝顶标高，加高坝的最终坝顶标高。

（5）活动断裂和抗震设防烈度。

（6）邻近的水源地保护带，水源开采情况和环境保护要求。

3.勘察要求

由于废弃物的种类、地形条件、环境保护要求等各不相同，工程建设及运行有较大差别，故在废弃物处理工程中工业废渣堆场和垃圾填埋场的岩土工程勘察应根据实际情况符合相应规范要求，见表1-8。

表1-8 不同地点的规范要求

项目类型	工业废渣堆场	垃圾填埋场
勘探，测试应符合的规定	勘探线宜平行于堆填场、坝、隧洞、管线等构筑物的轴线布置。勘探点间距应根据地质条件复杂程度确定：对初期坝，勘探孔的深度应能满足分析稳定变形的要求；与稳定、渗漏有关的关键性地段，应加密加深勘探孔或专门布置勘探，可采用有效的物探方法辅助钻探和井探；隧道勘察应符合地下洞室勘察的有关规定	除应符合工业废渣堆场的规定外，还应符合下列要求：需进行变形分析的地段，其勘探深度应满足变形分析的要求；岩土废弃物的测试，可按《岩土工程勘察规范》（GB50021）中原位测试和室内试验的有关规定执行，非土废弃物的测试，应根据其种类和特性采用合适的方法，并可根据现场监测资料，用反分析方法获取设计参数；测定垃圾渗出液的化学成分，必要时进行专门试验，研究污染物的运移规律

续表

岩土工程评价的内容	洪水、滑坡、泥石流、岩溶、断裂等不良地质作用对工程的影响：坝基、坝肩和库岸的稳定性，地震对稳定性的影响；坝址和库区的渗漏及建库对环境的影响；对地方建筑材料的质量、储量、开采和运输条件，进行技术经济分析	除应符合工业废渣堆场的规定外，尚宜包括下列内容：工程场地的稳定性以及废弃物堆积体的变形和稳定性；地基和废弃物变形，导致防渗衬层、封盖层及其他设施失效的可能性；坝基、坝肩、库区和其他有关部位的渗漏。预测水位变化及其影响；污染物的运移及其对水源、农业、岩土和生态环境的影响

九、桥梁工程的岩土工程勘察

当铁路、公路跨越河流、山谷或与其他交通路线交叉时，往往需要修筑桥梁、涵洞以保证道路的畅通和安全。

由于桥梁所处地质环境一般较复杂。桥梁上部荷载大，且承受偏心的动荷载和水流的冲击，所以桥梁基础通常选取墩台基础类型。在整个桥涵的修建过程中，经常遇到复杂的岩土工程地质问题。如江河、溪沟两岸斜坡上的桥梁墩台，在基坑开挖施工之中产生基坑边坡滑动、坍塌，位于河床和较大溪沟中的桥墩，常遇到基坑涌水、水流底蚀掏空墩基。所以桥涵工程的特点和存在的诸多岩土工程问题也决定了桥涵工程地质勘察的特点。作为道路建筑的附属建筑物，桥涵设计只包括初步设计和技术设计两个阶段，故桥涵勘察按工程分为特大桥、大桥、中桥、小桥几种情况在可行性论证的基础上进行初步勘察和详细勘察。

1. 初步勘察

初步勘察以工程地质测绘和调查、勘探（钻探、物探）为主要技术方法，目的是在线路比选方案的范围内寻找工程地质条件较好的桥址，同时为初步论证基础类型和选择施工方法提供必要的岩土工程地质资料。主要工作任务有以下几点。

（1）查明河谷地质、地貌特征，指出覆盖层岩性、结构及厚度，指出基岩的地质构造及岩石性质、埋藏深度。

（2）查明岩石主要类型，研究它们的物理力学性质。

（3）查明水文地质条件，分别阐明桥址区内第四系及岩中含水层数量、水位及水头高、地下水侵蚀性等，进行抽水试验确定岩石的透水性。

（4）查明自然地质条件，分析桥址区岸坡稳定性（岸边冲刷及滑坡等），查明河床下岩溶、断裂破碎带等不良地质现象的分布和区域地震工程问题。

（5）提出桥涵基础类型的建议。

（6）提出天然建筑材料的建议。

2. 详细勘察

详细勘察以钻探为主要技术方法，进行大量的室内岩土试验和原位岩土体测试。由于是在已选定的方案线上进行的，故主要目的是提供编制桥涵施工设计和施工组织计划所需的岩土工程资料，解决施工过程中出现的工程地质问题。主要工作任务有以下几点。

（1）查明桥址地段岩性、地质构造、不良地质作用的分布及工程地质特征，为最终确定桥梁基础砌置深度提供地质依据。

（2）查明桥梁墩台基础，调查建筑物地基覆盖层、基岩风化层的厚度及岩体的风化与构造破碎程度、软弱夹层情况和地下水状态。

（3）测试岩土体的物理力学性质参数，提供地基承载力及桩侧摩阻力。

（4）对边坡及地基的稳定性，不良地质作用的危害程度和地下水对地基的影响程度做出评价，预测施工过程中可能发生的不良工程地质问题，并提出预防和处理措施。

（5）结合设计要求对天然建筑材料场地进行详细复查。

十、 水利水电工程地质勘察

水利水电建设工程是通过建造一系列水工建筑物（如挡蓄水建筑物、取水建筑物、输水建筑物、泄水建筑物、整治建筑物、专门建筑物），利用和调节江、河地表水，使之用于灌溉、发电、水运、拦淤、防洪等，达到兴利除害目的的大型工程。根据国家防洪标准，水利水电枢纽工程和水工建筑物划分为五等。在水利水电工程的完成过程中，水对地质环境的作用是主要的，对水利水电枢纽工程和水工建筑物影响非常之大，会产生水库渗漏、库岸塌落、水库浸没等工程地质问题。因此，水利水电工程地质勘察就是要通过对工程建设区工程地质条件和问题的调查分析，为水利水电工程的规划、设计、施工提供充分可靠的地质依据。通常，水利水电工程地质勘察与其设计阶段相适应，分为规划勘察、可行性研究勘察和技术施工勘察三个阶段进行，对于中小型水利水电工程可简化勘察阶段。

1. 规划勘察

规划勘察实际包含了水电工程中的预可行性勘察内容。该阶段勘察的目的是为河流开发方案和水利水电工程规划提供地质资料和地质依据，勘察的主要任务和内容有以下几点。

（1）搜集了解规划河流或河段的区域地质和地震资料。

（2）了解各梯级水库、水坝区的基本地质条件和主要工程地质问题，分析建坝建库的可能性，为选定河流规划方案，近期开发工程的控制性提供地质资料。

（3）进行各梯级坝区附近的天然建筑材料普查。

（4）勘察内容包括规划河流或河段勘察、水库区勘察、各梯级坝区勘察几个方面。

该阶段主要勘察技术方法是区域地质调查，1：2 000～1：10 000 的工程地质测绘，工程物探及适量的钻探、洞探和岩土试验。

2.可行性研究勘察

该阶段勘察的目的是选定坝址和建筑场地，查明水库及建筑区的工程地质条件，为选定坝型、枢纽布置进行地质论证和建筑物设计提供依据。

勘察的主要任务和内容有以下几点。

（1）查明水库区岩土工程问题和水文地质问题，并预测蓄水后的变化。

（2）查明建筑物区的工程地质条件，为选定坝址、坝型、枢纽布置、各建筑物的轴线和岩土工程治理方案提供依据和建议。

（3）查明导流工程的工程地质条件，必要时进行施工附属建筑物场地的勘察和施工与生活用水水源初步调查。

（4）进行天然建筑材料详查。

（5）进行地下水动态观测和岩土体变形监测。

（6）勘察内容包括区域构造稳定性勘察和严重渗漏区勘察、水库浸没区勘察、水库坍岸区勘察、不稳定岸坡勘察，水库诱发地震研究等水库区专门性勘察、坝址区勘察、地下洞室勘察，渠道勘察、引水式地面电站和泵站厂址勘察、泄洪道勘察，通航建筑物勘察、导流工程勘察、天然建筑材料勘察等诸多方面。

该阶段采取的主要勘察技术方法有：区域地质调查、1：1 00～1：5 000 工程地质测绘、勘探（钻探、洞探、物探）、土工试验、岩石试验（室内、原位）、水文地质试验、长期观测与监测和分析预测等。

3.技术施工设计勘察

该阶段勘察的目的是在已选定的枢纽建筑场地上，通过专门性勘察和施工地质工作，检验前期勘察成果的正确性，为优化建筑物设计提供依据。

勘察的主要任务和内容有以下几点。

（1）针对初步设计审批中要求补充论证的和施工开挖中发现的岩土工程问

题进行勘察。

（2）进行施工地质工作。

（3）提出施工和运行期间岩土工程监测内容、布置方案和技术要求的建议，并分析岩土工程监测资料。

（4）必要时进行天然建筑材料复查。

（5）勘察内容包括：水库诱发地震、岸坡稳定性、坝基岩土体变形和稳定性问题研究以及洞室围岩稳定性研究等专门性岩土工程勘察和施工地质工作，对建筑场地地质现象进行观测和预报，提出地基加固和其他岩土工程治理方案的决策性建议，参加与岩土工程有关的工程验收工作。

勘察方法根据专门性工程具体情况和施工地质状况而定，通常采用超大比例尺测绘（1∶200~1∶1 000），专门性勘探试验方法（如弹性波测试、点荷载试验等）和长期观测等方法。此外，还采用观察、素描、实测、摄影和录像等方法编录和测绘施工开挖揭露的地质现象及相关情况。

十一、不良地质作用和地质灾害的岩土工程勘察

不良地质作用是由地球内力或外力产生的对工程可能造成危害的地质作用；地质灾害是由不良地质作用引发的，危及人身、财产、工程或环境安全的事件。在人类工程活动或工程建设中常遇到的不良地质作用和地质灾害有：岩溶、崩塌、滑坡、泥石流、地面沉降、地裂缝、场地和地基的地震效应、海水入侵等。在我国许多大中城市地区，由于大量开采地下承压水和集中的工程活动，地面沉降、地裂缝、岩溶塌陷等地质灾害时有发生，许多山区的铁路、公路沿线和江河水运沿岸发生滑坡、崩塌或泥石流，损毁铁路、公路设施，阻塞水运航道，威胁人的生命和财产安全，造成重大经济损失和社会影响。在对大量不良地质作用和地质灾害的调查研究中发现，无论其属于哪种类型，均具有一定的渐变性、突发性、区域性、周期性、致灾性和可防御性特点，可以通过岩土工程勘察查明它们的孕育时间、条件，影响因素，演化、发生规律，预测、预防其活动发展，把灾情减小到最低限度。因此，在岩土工程勘察中，不良地质作用和地质灾害的勘察已经越来越受到岩土工程界和地质灾害研究者的重视。在不良地质作用和地质灾害的勘察中，目前还没有完全统一的勘察规范，一般是按不良地质作用和地质灾害的类型、规模，以查明和解决以下问题为主。

（1）调查地形、地貌、地层岩性以及不良地质作用和地质灾害与区域地质

构造的关系。

（2）查明不良地质作用和地质灾害的分布和活动现状。

（3）查明不良地质作用和地质灾害的形成条件、影响因素、成因机制与活动规律。

（4）对已经发生或存在的不良地质作用和地质灾害，预测其发展趋势，提出控制和治理对策；对可能发生的不良地质作用和地质灾害，应结合区域地质条件，预测发生的可能性，并进行有关计算，提出预防和控制的具体措施和建议。

不良地质作用和地质灾害产生的动力来源、影响因素、活动规模各有不同，故其类型较多，但其勘察方法亦大同小异，可按不良地质作用和地质灾害的类型选择踏勘、工程地质测绘和调查、长期观测、钻探、原位测试、工程物探、室内岩土试验、水化学分析试验及地理信息系统（GIS）、地质雷达和地球物理层析成像技术（CT）等新技术、新方法。工作量的多少以获取高可靠度的地质资料为依据布置。除以上各种岩土工程勘察外，还有地基处理岩土工程勘察，即有建筑物的增减和保护岩土工程勘察、铁路岩土工程勘察、公路岩土工程勘察、地铁岩土工程勘察、城市轻轨岩土工程勘察等。

第二章 工程勘探与取样

人类工程活动对地壳表层岩、土体的影响往往会达到某一深度，建筑工程或以岩土为材料，或与岩土介质接触并产生相互作用。岩土工程勘察，只有在查明岩土体的空间分布的基础上，才能对场地稳定性、建筑物适应性及地基土承载能力、变形特性等做出岩土工程分析评价。通过勘探揭示地下岩土体（包括与岩土体密切相关的地下水）的空间分布与变化，并通过取样提供对岩土特性进行鉴定和各种试验所需的样品。因此，勘探和取样是岩土工程勘察的基本勘探手段，二者不可缺一。

第一节 钻探

钻探是岩土工程勘察中应用最为广泛的一种勘探方法。要了解深部地层并采取岩、土、水样，钻探是唯一可行的方法。

一、岩土工程钻探方法与选择

（一）岩土工程钻探方法

根据破碎岩土的方法，冲洗介质的种类及循环方式，钻探设备与机具的特点，岩土工程勘察中钻探的方法可主要分为回转、冲击、冲击回转、振动和冲洗几种类型。

1. 回转钻探

通过钻杆将旋转矩传递至孔底钻头，同时施加一定的轴向压力实现钻进。产生旋转力矩的动力源可以是人力或机械，轴向压力则依靠钻机的加压系统以及钻具自重。回转钻探包括硬质合金钻进、金刚石钻进、钢粒钻进、牙轮钻进、全面钻进等，但在岩土工程勘察中，土层以硬质合金钻进为主，岩层以硬质合金、金刚石钻进为主，而且需要采取大量岩土样。其钻进规程涉及的钻进参数主要有：钻压（即施加在钻头上的轴向载荷）、钻具转速、冲洗介质（清水、钻井液，压缩空气)的品质、冲洗液泵量等。若是干式无循环钻进，则只涉及钻压与钻具转速。

此外，国外使用较多的空心管连续螺旋钻也是一种回转钻头，即在空心管外壁加上连续的螺旋翼片，用大功本的钻机驱动旋入土层之中，螺旋翼片将碎屑输送至地面，提供有关地层变化的粗略信息，通过空心管则可进行取样及标准贯入试验等工作。用这种钻头可钻出直径为 150~250 mm 的钻孔，深度可达 30~50 m。长面连续的钻头旋入土中后实际上也起到了护壁套管的作用。

2. 冲击钻探

利用钻具自重冲击破碎孔底实现钻进。破碎后的岩粉、岩屑由循环液冲出地面，也可以采用抽砂筒（或称掏砂筒）提出地面。冲击钻头有"一"字形、"十"字形等多种，可通过钻杆或钢丝绳操纵。其中，钢丝绳冲击钻进使用较为广泛。钢丝绳冲击钻进的规程如下。

（1）钻具重量。钻具重量等于钻头、钻杆与绳卡的重量之和。不同性质岩土体应选取合适的单位刃长上钻具重量，一般有：

土层 100~200 N/m；

软岩层 200~300 N/m；

中硬岩层 350~400 N/m；

硬岩层 500~600 N/m；

极硬岩层 650~800 N/m。

（2）岩粉密度。岩粉密度直接影响钻进效率，岩粉密度大，影响钻具下降加速度，对破岩不利；若过低，则岩屑留在孔底形成岩粉垫，使钻头不易接触孔底，钻进效率低。通常通过控制掏砂间隔和数量来调整岩粉密度。冲击钻进可应用于多种土类以至岩层，对卵石、碎石、漂石、块石尤为适宜。在黄土地区，一种近于冲击钻探的用重型锤击取样管进入土层的锤击钻探使用也较广。

3. 冲击回转钻探

冲击回转钻探是在钻头承受一定静载荷的基础上，以竖向冲击力和回转切削力共同破碎岩土体的钻探方法。一种类型是顶驱式：在钻杆顶部用风动、液动或电动机构实现冲击，并同时回转钻杆、实现钻进；另一种是潜孔式；用液力或气力驱动孔底的冲击器，产生冲击力，同时由地面机构施加轴向压力和回转扭矩，实现钻进。其中潜孔式冲击回转钻探也称为潜孔钻进。钻探深度不受限制，除在硬和坚硬基岩中（如大型水利水电工程地质勘察）应用外，在砂卵石层、漂石层钻进更有优势。按使用动力的介质性质分为液动冲击回转钻（液动潜孔锤）和气动冲击回转钻（气动潜孔锤）。其中的气动冲击回转钻探方法多用于无水或缺水地区。

潜孔锤钻进用钻头须承受较大的动载荷及摩擦作用，因此要求钻头体具有较高的表面硬度和较好的耐磨性及足够的冲击韧性。常用的主要有两种：刃片钻头和柱齿钻头。刃片钻头用于软岩钻进，柱齿钻头用于硬岩钻进。

4. 振动钻探

通过钻杆将振动器激发的振动力迅速传递至孔底管状钻头周围的土中，使土的抗剪阻力急剧降低，同时在一定轴向压力下使钻头贯入土层中。这种钻进方式能取得较有代表性的鉴别土样，且钻进效率高，常用于黏性土层、砂层以及粒径较小的卵石、碎石层。但这种钻进方式对孔底扰动较大，往往影响高质量土样的采取。

以下是振动钻进的主要工艺参数。

（1）振动频率。振动器必须有一定的振动频率才能实现钻进。振动频率越高，钻具的振幅越大，钻进的深度也就越深。但振动频率不能选择过高。

（2）振幅。振幅是影响钻具的重要因素，只有当振幅超过起始振幅 A_0 时，钻头才能切入岩土层。振幅 A 一般选（3~5）A_0，A_0 随振动频率、钻具断面尺寸和地层条件而变化。

（3）偏心力矩。偏心力矩与振动器偏心轮的质量有关。增大偏心力矩，能在密实坚硬的土层中钻进；但偏心力矩不能过大，否则过大的振动器质量会引起上部钻杆变形。

（4）回次长度。回次长度是一个人为控制的参数，在实际钻进中，等取样管全部装满才结束回次是不合理的。为了提高回次钻速必定存在最优回次长度。

5. 冲洗钻探

通过高压射水破坏孔底土层实现钻进。土层破碎后随水流冲出地面。这是一种简单快速、成本低廉的钻进方法，适用于砂层、粉土层和不太坚硬的黏性土层，但冲出地面的粉屑往往是各土层物质的混合物，代表性很差，给地层的判断划分带来困难。故该方法主要用于查明基岩起伏面的埋藏深度。针对具体工程及岩土层情况，应选择合适有效的钻探方法。

（1）在岩土工程勘察中，土层的钻探一般应考虑以下要求。

1）选择符合土层特点的有效钻进方式。

2）能可靠地鉴别地层、鉴定土层名称、天然重度和湿度状态，准确判定分层深度、观测地下水位。

3）尽量避免或减轻对取样段的扰动。

根据大量工程实践经验，岩土工程勘察中，工程钻探应优先选择回转钻探方法，其次是冲击回转钻探、冲击钻探（或锤击钻探）、冲洗钻探。在滑坡及湿陷性土层、膨胀性土层中钻进，应注意采用干式无循环钻探方法或优质泥浆的有循环钻探方法。

（2）在岩土工程勘察中，基岩钻探方法选择主要考虑以下几方面要求。

1）岩石坚硬程度、风化等级、裂缝情况、钻进效率和岩心采取率。

2）冲洗液，护壁堵漏。

3）岩土工程钻探有以下规定。

①钻探直径和钻具规格应符合现行国家标准的规定。成孔口径应满足取样测试和钻进工艺的要求。采取原状土样的钻孔，孔径不得小于 91 mm；仅需鉴别地层的钻孔，口径不宜小于 36 mm。

②钻进深度和岩土分层深度的量测精度，不应低于土 5 cm。

③应严格控制非连续取心钻进的回次进尺，使分层进度符合要求。

④对鉴别地层天然湿度的钻探，在地下水位以上应进行干钻；当必须加水或使用循环液时，应采用双层岩心管钻进。

⑤岩心钻探的岩心采取率。对完整和较完整岩体不应低于 80%，较破碎和破碎岩体不应低于 65%；对需重点查明的部位（滑动带、软弱夹层等）应采用双层岩心管连续取心。

⑥当需确定岩石质量指标 RQD 时，应采用 75mm 口径（N 型）双层岩心管和金刚石钻头。

⑦定向钻进的钻孔应分段进行孔斜测量；倾角和方位的测量精度应分别为 ±0.1 和 ±3.0。

⑧岩土工程勘探后，钻孔（包括探井、探槽）完工后应妥善回填。

钻探操作的具体方法，应按现行标准《建筑工程地质钻探技术标准》（JGJ87）执行。

（二）常用工程勘察钻探机械设备

岩土工程勘察中钻探的主要目的是查明或获取地下岩土的性质、分布、结构等方面的地质信息与资料，采取岩土试样或进行原位测试。与大口径的基桩工程钻探比较，岩土工程勘察钻孔具有口径小、孔深大、需采取原状岩土样等特点，因此要求钻探的专门性机械——钻机除须满足钻探深度、口径和钻进速度方面的要求外，还应满足以下性能要求：第一，能按设计钻进方式钻探，具多功能性（如冲击、回转、静压等）；第二，转速低，扭矩大，能按技术标准采取原状岩土样，并能满足原位测试对钻孔的要求；第三，能适应现场复杂的地形条件，具有较好的机动性或解体性，操作简单，便于频繁移位和拆卸安装。目前，用于岩土工程勘察的钻探设备种类很多，机械化、液压化、智能化程度也越来越高，基本已达一机多用。目前国内外使用的岩土工程勘察钻机可分为以下几类。

1. 简易人力钻

简易人力钻是带有三脚架或人力绞车或通过人力直接钻进的器具，包括带有三脚架的人力钻，用手提的小口径螺旋钻、勺形钻、格阳铲等。带有三脚架的人力钻兼有回转、冲击功能，钻头有螺旋钻头、砸石器、抽砂筒等。简易人力钻主要适用于浅部土层和基岩强风化层钻进。因钻进效率低，劳动强度大，仅在地形复杂、机动钻机难以达到的场地或有特殊要求时使用，如基坑检验等。

2. 拖挂式（或移动式）轻型单一回转螺旋钻机、冲击钻机、冲击回转两用钻机

单一回转螺旋钻机，多以小型汽油机、柴油机为动力，带动机械或液压动力头进行回转钻进，用连续长钻螺旋钻头钻进土层，用硬质合金钻头或金刚石钻头钻进岩层。轻型冲击钻机和冲击回转两用钻机的底盘和拖动轮轴连在架腿上，牵引时以钻架腿当拉杆，移动、运输十分方便，其采用机械传动、人力或液压控制，冲击时操纵钻机离合器，回转则依靠悬挂动力头或落地式转盘，能根据地层情况进行金刚石钻进或螺旋钻进。如国产的 SH-30、QP-50 等型钻机。

3. 自行式轻型或中型动力头多用车装钻机

这种类型钻机型号繁多，大都是回转钻机或复合式（多功能）钻机，有机械传动、液压操纵的半液压钻机和液压传动、液压操纵的全液压钻机两种。回转钻机中，部分采用动力头，少数采用钻柱给进或螺旋差动给进。一般能运用多种钻进方式和工艺，如回转钻进、套管跟管回转钻进、空心管长螺旋钻进等。用循环液时有冲洗液钻进、牙轮钻进、硬质合金钻进、金刚石钻进等。这类钻机机械化、液压化程度高，动力机马力大，扭矩、给进和起拔能力都很强，一般都安装在重载车上。如全液压多功能钻机，YDC-100、DPP-3 型钻机。

二、复杂地层钻探

（一）复杂地层中几种常用钻探方法

在岩土工程勘察中，会遇到各种复杂地层，如湿陷性黄土、岩帘、软土等特殊性岩土层，断层载碎带等软弱夹层、砂卵石层等。为了探明复杂地层的空间分布，埋藏情况和采取高质量岩土样品，就必须采用一些针对性很强的特殊性钻探工艺方法。

1. 跟管钻进

跟管钻进适用于松散无黏着力的砂层和软土层。所用的钻具结构主要为：合金钻头岩心管、钻杆或勺钻钻杆跟套管；管钻（有阀式）掏砂、跟套管。

钻进工艺主要是利用小于套管直径一、二级的钻头在孔内钻进，钻进到一定深度将岩心管提离孔底一定高度，同时立即跟下套管，一般钻具提高不超过套管底部，防止涌砂，但水位高、涌砂严重的地层可采用超前钻进随时跟管，以达到钻孔深度，不断跟管隔砂。

2. 优质泥浆护壁回转钻进

（1）适用的地层条件。

1）松散砂层。

2）一般流沙层虽有土质，但胶结较差，比较松散。

3）膨胀岩土层或湿陷性黄土地层。

4）深度较大结构密实的砂、卵石层或松散卵砾石层。

（2）使用的钻具结构。

1）合金钻头、岩心管、钻杆钻头（有拦挡设施）。

2）膨胀性地层中肋骨钻头、岩心管、钻杆。

3）黄土不取样时，可用翼片钻头。

4）砂卵石层可用密集式大八角合金钻头（有拦挡设施）。

钻进工艺主要是利用优质泥浆：密度 1.1~1.3 g/cm^3，黏度 25~30 s，失水量 10 mL 以下，使孔内泥浆挂压力通过失水渗透形成泥皮控制孔壁砂层的稳定性；钻进时压力转速等参数不高，钻具提出孔内要回灌浆液，防止柱压不足孔壁坍塌；要保证泥浆的净化，随地层条件变化调整适宜的泥浆性能。

在遇水膨胀或湿陷性黄土层，泥浆保证优质条件，突出降低失水量，以防失水造成孔径缩小和湿陷后坍塌。渗漏地层，可在泥浆中加入惰性材料，如锯末、轻石、棉籽壳等，严重渗漏时可用801堵渗剂处理。

3. 无泵反循环钻进

无泵反循环钻进适用于胶结性差的松散怕水冲刷的软羽地层和缺水地区。在钻进过程中，由于冲洗液的反循环避免了对样品的正面冲刷和冲洗液液柱压力对样品的损坏，从而有利于保护岩土样品，但须注意的是夹层厚度小于0.5 m的地层不宜采用。

无泵反循环钻进技术与操作要领：孔底钻头压力要适当，过大会产生岩心堵塞、粘钻甚至烧钻头等事故；依地层松软程度适当选择钻具转数。

4.CSR 钻进

CSR（Center Sumple Recovery）为反循环中心取样。由空气压缩机所产生的高压空气，沿气路管，经侧入式水龙头进入双壁钻杆内外管环状间除下行至孔底。为潜孔锤冲击回转提供动力和冲洗介质，然后大部分高压空气进入内管，以反循环方式携带岩心及岩屑上返（上返速度大于25 m/s）到地表，连续取到岩心和岩粉样品。CSR钻进方法主要用于覆盖层、基岩层及风化壳地层钻探，因此在隧道、坝基、滑坡等勘察工程中以及其他岩土工程勘察中均可得到较好的取样和钻进效果。若以水泵产生的高压水流作为动力和冲洗介质，则可进行水力反循环连续。

CSR钻进具有以下特点。

（1）可以连续获取有代表性的高质量样品，且样品不与孔壁地层接触，避免了污染和混淆。

（2）钻进效率高，免去了常规钻进工艺的取心工序。比金刚石取心钻进效率高3~4倍。

（3）有利于钻进复杂地层，因为双壁钻杆形成一个闭路循环，可以不下套管。

（二）几种复杂地层中工程勘察钻探的要点

1. 软土层钻探

软土层多为淤泥，淤泥质黏性土，含水量较大，量流动、软塑状态，钻进一般不易成孔，易塌孔和缩径。遇有这类地层时，常使用低角度的长螺旋钻探或带阀管的冲击钻探，而且必须跟管钻进。每钻进1 m，就可跟进套管1 m，跟进套管后可进行超前取样。软塑状态软土中可用泥浆护壁，泥浆的比重要大一些，使其有较大的静压力来平衡钻孔孔壁的侧压力，以保持其稳定性。

2. 松散砂层钻探

在松散的含水砂层中钻进钻孔极易坍塌，应注意防止发生涌砂现象。这种地层中钻进要解决两个问题：一是钻孔护壁，保证钻孔结构完整；二是防止钻进中产生涌砂现象。钻进方法一般采用管钻冲击，冲程不应过大，一般为 0.1~0.2 m。每回次钻进 0.5 m 左右。为了避免孔内发生涌砂，应采用人工注水，使孔内水位高于地下水位，必要时使用泥浆以增加压力。用管钻冲击钻进一般钻管钻进，当遇有此松散夹层但不能下入套管时，可用高黏度大比重泥浆护壁。对于需做标准贯入试验的砂层，必须严防涌砂现象发生。

3. 大块碎石、砾石地层钻探

卵、砾石层中几乎全由大小碎块岩石组成，有时还存在巨大的漂砾或砾石夹层。此种地层给钻进带来极大困难，常采取以下方法。

（1）当砾径在 200 mm 以下时，先用"一"字形或"十"字形钻头进行冲击破碎岩石，也可用锥形钻头冲击破碎，然后捞取破碎后的岩屑。

（2）砾径大于 200 mm 的碎石层中，可用钢粒进行钻进穿过大的砾石或漂砾，或者用孔内爆破的方法来破碎孔内漂砾，然后再捞取碎岩。

不论两种中的哪种情况，为了保证钻孔结构完整，在钻探中均应向孔内投放一定数量的黏土球，以保护孔壁的完整稳定。

4. 滑坡体钻探

为保证滑坡钻探的岩心质量，应采用干钻、双层岩心管、无泵孔底反循环等方法进行。钻进中应随时注意地层的破碎，密度、湿度的变化情况，详细观察分析确定滑动面位置。当钻进快到预计滑动面附近时，回次进尺不应超过 0.15~0.30 m，以减少对孔底岩层的扰动，便于鉴定滑动面特征。

5. 岩溶地层钻探

在岩溶地层中钻进需注意可能发生漏水，掉钻后钻孔发生倾斜等情况。钻进时如发现岩层变软、进尺加快或突然漏水或取出岩心有钟乳石和溶蚀等现象，应注意防止遇空洞造成掉钻事故。钻穿洞穴顶板后应详细记录洞的顶底板深度、填充物性质、地下水情况等。为防止钻孔歪斜，可采取下导向管或接长岩心管等办法。当再开始在洞穴钻进时宜用低压慢速旋转。若洞穴漏水可用黏土或水泥封闭后钻进。

岩土工程勘察的场地条件复杂，对于一些类别的岩土工程勘察还会在江、河、海等水域进行工程勘察钻探，可依据相关规程规范选择有效的钻探方法。

（三）钻探成果资料

钻探成果资料包括钻探野外记录、编录、野外钻孔柱状图等。钻探野外记录是岩土工程勘察中最基本的原始资料，应包括以下两个方面的内容。

1. 岩土描述

岩土描述包括地层名称、分层深度、岩土性质等。对不同类型岩土，岩性描述应包括以下几点。

（1）碎石土：颗粒级配，粗颗粒形状，母岩成分、风化程度、是否起骨架作用，充填物的性质、湿度、充填程度，密实度，层理特征。

（2）砂土：颜色，颗粒级配，颗粒形状和矿物组成，黏性土含量、湿度，密实度，层理特征。

（3）粉土：颜色，颗粒级配，包含物，湿度，层理特征。

（4）黏性土：颜色，状态，包含物，结构及层理特征。

（5）岩石：颜色，主要矿物，结构、构造和风化程度。对沉积岩应描述颗粒大小，形状胶结物成分和胶结程度。对岩浆岩和变质岩应描述矿物结晶大小和结晶程度。对岩体的描述应包括结构面，结构体特征和岩层厚度。

2. 钻进过程的记录

（1）使用钻进方法，钻具名称、规格、护壁方式等。

（2）钻进难易程度，进尺速度，操作手感，钻进参数的变化情况。

（3）孔内情况，应注意缩径，回淤，地下水位或循环液位及其变化等。

（4）取样及原位测试的编号，深度位置，取样工具名称规格，原位测试类型及其结果。

（5）岩心采取率，岩体（石）质量指标（RQD）值等。其中岩心采取率是衡量岩心钻探质量的重要指标，和岩体（石）质量指标的概念是近似的。用岩体质量指标可以定量判断岩体的完整程度。岩体（石）质量指标 RQD（Rock Quality Designation）应以采用 75 mm 口径（N 型）双层岩心管和金刚石钻头获取的大于 10 cm 的岩心总长度占钻探总进尺长度的比例确定，岩心的断开裂缝是岩体原有的天然裂缝面而并非钻进破坏所致。

上述野外记录是钻探过程中的文字记录，岩土心样则是文字记录的辅助资料，它不仅对原始记录的检查和校对是必要的，而且对日后施工开挖过程的资料核对也有重要价值，故应在一段时间内妥善保存。此外，钻孔柱状图是野外记录的图形化，对以土层为主的钻孔和以岩层为主的钻孔可以有不同的图式。柱状图是以钻孔为单位的，可以详尽地反映钻孔结构、地层岩性等细部情形和钻进过程中的可变信息。

第二节 井探、槽探、洞探

一、井探、槽探、洞探的特点及适用条件

井探、槽探、洞探是查明地下地质情况最直观有效的勘探方法。当钻探难以查明地下地层岩性、地质构造时，可采用井探、槽探进行勘探。当在大坝坝址、地下洞室、大型边坡等工程勘察中，需详细调查深部岩层性质、风化程度及构造特性时，则采用洞探方法。

探井、探槽主要适用于土层之中，可用机械或人力开挖，并以人力开挖居多。开挖深度受地下水位影响。在交通不便的丘陵、山区或场地狭窄处，大型勘探机械难以就位，用人力开挖探井，探槽方便灵活，获取地质资料翔实准确，编录直观，物探成本低。

探井的横断面可以为圆形，也可以为矩形。圆形井壁应力状态较有利于井壁稳定，矩形则较有利于人力挖掘。为了减小开挖方量，断面尺寸不宜过大，以能容一人下井工作为度。一般，圆形探井直径为 0.8~1.0 m，矩形探井断面尺寸为 0.8 m×1.2 m。当施工场地许可，需要放坡或分级开挖时，探井断面尺寸可增大；探槽开挖断面为一长条形，宽 0.5~1.2 m，在场地允许和土层需要的情况下，也可分级开挖。

探井、探槽开挖过程中，应根据地层情况、开挖难度、地下水位情况采取井壁支护、排水、通风等措施，尤其是在疏松、软弱土层中或无黏性的砂、卵石层中。必须进行支护，且应有专门技术人员在场。此外，探井口部保护也十分重要，在多雨季节施工应设防雨棚，开排水沟，防止雨水流入或浸润井壁。土石方不能随意弃置于井口边缘，以免增加井壁的主动土压力，导致井壁失稳或支撑系统失效，或者土石块坠落伤人。一般堆土区应布置在下坡方向离井口边缘不少于 2 m 的安全距离。

探井、探槽开挖方量大，对场地的自然环境会造成一定程度的改变甚至破坏，还有可能对以后的施工造成不良影响。在制定勘探方案时，对此应有充分估计。

勘探结束后，探井、探槽必须妥善回填。

洞探主要是依靠专门机械设备在岩层中掘进，通过竖井、斜井和平洞来观察描述地层岩性、构造特征，并进行现场试验，以了解岩层的物理力学性质指标。所以，洞探包括竖井、斜井和平洞，是施工条件最困难、成本最高而且最费时间的勘探方法。在掘进过程中，需要支护不稳定的围岩和排除地下水，掘进深度大时还需要有专门的出碴和通风设施。所以，洞探的应用受到一定限制，但在一些水利水电、地下洞室等工程中，为了获得有关地基和围岩中准确而详尽的地质结构和地层岩性资料，追索断裂带和软弱夹层或裂缝强烈发育带、强烈岩溶带等，以及为了进行原位测试（如测定岩土体的变形性能、抗剪强度参数，地应力等），洞探是必不可少的勘探方法，这在详细勘察阶段显得尤其重要。竖井由于不便出碴和排水，不便于观察和编录，往往用斜井代替。在地形陡峭、探测的岩层或断裂带产状较陡时，则广泛采用平洞勘探。

二、观察、描述、编录

（一）现场观察、描述

（1）量测探井、探槽、竖井、斜井、平洞的断面形态尺寸和掘进深度。

（2）详尽地观察和描述四周与底（顶）的地层岩性，地层接触关系、产状、结构与构造特征，裂隙及充填情况，基岩风化情况，并绘出四壁与底（顶）的地质素描图。

（3）观察和记录开挖期间及开挖后井壁、槽壁、洞壁岩土体变形动态，如膨胀、裂隙、风化、剥落及塌落等现象，并记录开挖（掘进）速度和方法。

（4）观察和记录地下水动态。如清水量、涌水点、涌水动态与地表水的关系等。

（二）绘制展示图

展示图是井探、槽探、洞探编录的主要成果资料。绘制展示图就是沿探井、探槽、竖井、斜井或平洞的壁、底（顶）把地层岩性、地质结构展示在一定比例尺的地质断面图上。井探、槽探、洞探类型特点不同，展示图的绘制方法和表示内容各有不同，其采用的比例尺一般为 1 ∶ 25~1 ∶ 100，其主要取决于勘察工程的规模和场地地质条件的复杂程度。

1. 探井和竖井的展示图

探井和竖井的展示图有两种。一种是四壁辐射展开法，另一种是四壁平行展开法。四壁平行展开法使用较多，它避免了四壁辐射展开法因井较深存在的不足。采用四壁平行展开法绘制的探井展示图，图中探井和竖井四壁的地层岩性、结构构造特征能够很直观地展示出来。

2. 探槽展示图

探槽在追踪地裂塘、断层破碎带等地质界线的空间分布及查明剖面组合特征时使用很广泛。因此在绘制探槽展示图之前，确定探槽中心线方向及其各段变化、测量水平延伸长度、槽底坡度、绘制四壁地质勘探显得尤为重要。

探槽展示图有以坡度展开法绘制的展示图和以平行展开法绘制的展示图两种，通常是沿探槽长壁及槽底展开，绘制一壁一底的展示图。其中，平行展示法使用广泛，更适用于坡壁直立的探槽。

3. 平洞展示图

平洞展示图绘制从洞口开始，到掌子面结束。其具体绘制方法是：按实测数据先画出洞底的中线，然后，依次绘制洞底、洞两侧壁、洞顶、掌子面，最后按底、壁、顶和掌子面对应的地层岩性和地质构造填充岩性图例与地质界线，并应绘制洞底高程变化线。

第三节　取样技术

一、钻孔取土器的设计要求

岩土工程勘察中需采取保持原状结构的土试样。影响取土质量的因素很多。如钻进方法、取土方法、土试样的保管和运输等，但取土器的结构是主要影响因素之一，设计取土器应考虑下列要求。

（1）取土器进入土层要顺利，尽量减小摩擦阻力。

（2）取土器要有可靠的密封性能，使取土时不至于掉土。

（3）取土器结构简单，便于加工和操作。

此外，还应考虑下列因素。

第一，土样顶端所受的压力，包括钻孔中心的水柱压力、大气压力及土样与取土筒内壁摩擦时的阻力。

第二，土样下端所受的吸力，包括真空吸力、土样本身的内聚力和土样自重。

第三，取土器进入土层的方法和进入土层的深度。

（一）钻孔取土器类型

取土器按壁厚可分为薄壁和厚壁两类，按进入土层的方式可分为贯入（静压或锤击）及回转两类。

1.各种贯入式取土器

贯入式取土器可分为敞口取土器和活塞取土器两大类型。敞口取土器按管壁厚度分为厚壁和薄壁两种；活塞取土器则分为固定活塞、水压活塞、自由活塞等几种。

（1）敞口取土器。

国外称谢尔贝管，是最简单的取土器，其主要优点是结构简单，取样操作简便，缺点是对土样质量不易控制，且易于逃土。在取样管内加装内衬管的取土器称为敞口厚壁取土器，其外管多采用半合管，易于卸出衬管和土样。其下接厚壁管靴，能应用于软硬变化范围很大的多种土类。由于壁厚，面积可达 30%~40%，对土样扰动大，只能取得Ⅰ级以下的土样。薄壁取土器只用一薄壁无缝管做取样管，面积比可降低至 10% 以下，可作为采取Ⅰ级土样的取土器。薄壁取土器内不可能设衬管，一般是将取样管与土样一同封装运送到实验室。薄壁取土器只能用于软土或较疏松的土层取样。若土质过硬，则取土器易于受损。考虑到我国管材供应的实际问题，薄壁取土器难以完全普及，《岩土工程勘察规范》允许以束节式取土器代替薄壁取土器。这种束节式取土器是综合了厚壁和薄壁取土器的优点而设计的。将厚壁取土器下端刃口段改为薄壁管（此段薄壁管的长度一般不应短于刃口直径的 3 倍），能减轻厚壁管面积比的不利影响，取出的土样可达到或接近Ⅰ级。

（2）活塞取土器。

如果在敞口取土器的刃口部装一活塞，在下放取土器的过程中，使活塞与取样管的相对位置保持不变，即可排开孔底浮土，使取土器顺利达到预计取样位置。此后将活塞固定不动，贯入取样管，土样则相对地进入取样管，但土样顶端始终处于活塞之下，不可能产生凸起变形。回提取土器时，处于土样顶端的活塞既可隔绝上部水压、气压，也可以在土样与活塞之间保持一定的负压，防止土样失落而又不会出现过分的抽吸。依照这种原理制成的取土器称为活塞取土器，活塞取土器有以下几种。

1）固定活塞取土器。在敞口薄壁取土器内增加一个活塞以及一套与之相连接的活塞杆，活塞杆可通过取土器的头部并经由钻杆的中空延伸至地面，下放取土器时，活塞处于取样管刃口端部，活塞杆与钻杆同步下放到达取样位置后，固定活塞杆与活塞，通过钻杆压入取样管进行取样。固定活塞薄壁取土器是目前国际上公认的高质量取土器，但因需要两套杆件，操作比较费事。其代表型号有Hvorslev 型，NGI 型等。

2）水压固定活塞取土器。水压固定活塞取土器是针对固定活塞式取土器的缺点而制造的改进型。国外以其发明者命名为奥斯特伯格取土器，其特点是去掉了活塞杆。将活塞连接在钻杆底端，取样管则与另一套在活塞缸内的可动活塞联结，取样时通过钻杆加水压，驱动活塞缸内的可动活塞，将取样管压入土中，其取样效果与固定活塞式相同，操作较为简单，但结构仍较复杂。

3）自由活塞取土器。自由活塞取土器与固定活塞取土器不同之处在于活塞杆不延伸至地面。而只穿过接头，用弹簧予以控制，使活塞杆只能向上不能向下。取样时依靠土试样将活塞顶起，操作较为简单，但土试样上顶活塞时易受扰动，取样质量不及以上两种。

（二）回转式取土器有以下两种

1. 单动三重（二重）管取土器

类似于岩心钻探中的双层岩心管，取样时外管切削旋转。内管不动，故称单动。如在内管内再加衬管，则成为三重管。其代表型号为丹尼森（Denison）取土器。丹尼森取土器的改进型称为皮切尔（Pitcher）取土器，其特点是内管刃口的超前值可通过一个竖向弹簧取土层软硬程度自动调节。单动三重管取土器可用于中等以至较硬的土层中。

2. 双动三重（二重）管取土器

与单动不同之处在于取样时内管也旋转，因此可切削进入坚硬的地层，一般适用于坚硬黏性土、密实沙砾以至软岩。但所取土样质量等级不及单动三重（二重）管取土器。

二、不扰动土样的采取方法

采取不扰动土试样，必须保持其天然的湿度、密度和结构，并应符合土样质量要求。

（一）钻孔中采取不扰动土试样的方法

1. 击入法

击入法是用人力或机械力撑纵落链，将取土器击入土中的取土方法。按锤击次数分为轻锤多击法和重锤少击法，按锤击位置又分为上击法和下击法。经过取样试验比较认为：就取样质量而言，重锤少击法优于轻锤多击法，下击法优于上击法。

2. 压入法

压入法可分为慢速压入和快速压入两种。

（1）慢速压入法。慢速压入法是用杠杆、千斤顶、钻机手把等加压，取土器进入土层的过程是不连续的。在取样过程中对土试样有一定程度的扰动。

（2）快速压入法。快速压入法是将取土器快速、均匀地压入土中，采用这种方法对土试样的扰动程度最小。目前普遍使用以下两种。

1）活塞油压筒法，采用比取土器稍长的活塞压筒通以高压，强迫取土器以等速压入土中。

2）钢绳，滑车组法，借机械力量通过钢绳，滑车装置将取土器压入土中。

3. 回转法

此法系使用回转式取土器取样，取样时内管压入取样，外管回转削切的废土一般用机械钻机靠冲洗液带出孔口。这种方法可减少取样时对土试样的扰动，从而提高取样质量。

（二）探井、探槽中采取不扰动土试样方法

人工采取块状土试样一般应注意以下几点。

（1）避免对取样土层的人为扰动破坏。开挖至接近预计取样深度时，应留下 20~30 cm 厚的保护层，待取样时再细心铲除。

（2）防止地面水流入，井底水应及时抽走以免提泡。

（3）防止暴晒导致水分蒸发。坑底暴露时间不能太长，否则会风干。

（4）尽量缩短切削土样的时间，及早封装。块状土试样可以切成圈柱状和力块状，也可以在探井、探槽中采取"盒状土样"。这种方法是将装配式的方形土样容器放在预计取样位置、边修切、边压入，从而取得高质量的土试样。

（三）复杂或特殊岩土层取样方法

1. 饱和软黏性土取样

饱和软黏性土强度低，灵敏度高，极易受扰动，并且当受扰动后，强度会显著降低。在严重扰动的情况下，饱和软土强度可能降低 90%。

在饱和软黏性土中采取高质量等级试样必须选用薄壁取土器。土质过软时，不宜使用自由活塞取土器，取样之前应对取土器做仔细检查，刃口卷折、残缺的取土器必须更换。取样管应形状圆整，取样管上、中、下部直径的最大、最小值相差不能超过 1.5 mm。取样管内壁加工光洁度应达到 75~76。饱和软黏性土取样时应注意以下几点。

（1）应优先采用泥浆护壁回转钻进。这种钻进方式对地层的扰动破坏最小。泥浆柱的压力可以阻止塌孔、缩孔以及孔底的隆起变形。浆的另一作用是提升时对土样底部能产生一定的浮托力，掉样的可能性因而减小。

（2）清水冲洗钻探也是可以使用的钻探方法，因为在孔内始终保持高水头也是有利的，但应注意采用侧喷式冲洗钻头，不能采用底喷式钻头，否则对孔底冲蚀刚烈，对取样不利。

（3）螺旋钻头干钻风是常用的方法，但螺旋钻头提升时难免引起孔隙缩孔、隆起或管涌。因此采用螺旋钻头钻进时，钻头中间应设有水、气通道，以使水、气能及时通达钻头底部，消除真空负压。

（4）强制挤入的大尺寸钻具，如厚壁套管、大直径空心机械螺旋钻、冲击、振动均不利于取样。如果采用这类方法钻进，必须在预计取样位置以上一定距离停止钻进，改用对土层扰动小的钻进方法，以利于取样。

在饱和软黏性土中取样应采用快速、连续的静压方法贯入取土器。

2. 砂土取样

砂土在钻进和取样过程中，更容易受到结构的扰动。砂土没有黏聚力，当提升取土器时，砂样极易掉落。在探井、探槽中直接采取砂样是可以获得高质量试样的，但开挖成本高，不现实。

在钻探过程中为了采取砂样，可采用泥浆循环回转钻进。用泥浆护壁既可防止塌孔，又可浮托土样，在土样底端形成一层泥皮，从而减小掉样的危险。此外，也可用固定活塞薄壁取土器和双层单动回转取土器采取砂样。前者只能用于较疏松细砂层，对密实的粗砂层宜采用后者。

日本的 Twist 取土器，是在活塞取土器外加一套管，两管之间安放有橡皮套，橡皮套与取样管靴相连。贯入时两管同时压下，提升时，内部取样管先提起一段距离，超过橡皮套后停止上提，改为旋扭，使橡皮套伸长并扭紧，形成底墙的封闭，然后内外管一并提起。这种取土器取砂成功率较高。日本的另一种大直径（φ=200 mm）取砂器，其底部的拦挡装置是通过缆绳操纵的。当贯入结束后，提拉缆绳，即可收紧拦挡，形成底端封闭，亦可采取较高质量的砂样。采取高质量砂样的另一类方法是事先设法将无黏性的散粒砂土固化（胶凝或冷冻），然后用岩心钻头取样。该方法成本高，难以广泛实施。

3. 卵石、砾石土取样

卵石、砾石土粒径悬殊，最大粒径可达数十厘米以上，采样很困难。在通常口径的钻孔中不可能采取Ⅰ～Ⅲ级卵石土样。在必须要采取卵石、砾石土试样时可考虑用以下方法。

（1）冻结法。将取样地层在一定范围内冻结，然后用岩心钻取心。

（2）开挖探坑。人工采取大体积块状试样。

若卵石土粒径不大且含较多黏性土，则采用厚壁敞口取土器或三重管双动取土器能取到质量级别为 M 或 N 级的试样；砾石层在合适的情况下，用三重管双动取土器有可能取得Ⅰ～Ⅲ级试样。

4. 残积土取样

残积土层取样的困难在于土质复杂多变，一般的取土器很难完成取样。如非饱和的残积土遇水极易软化、崩解，应采用黏度大的泥浆做循环液，用三重管取土器采取土试样。在强风化层中可采用敞口取土器取样，取土器贯入时往往需要大能量多次锤击，在需要加厚的同时，土层也受到较大扰动。因此，在残积土层中钻孔取样较好的方法是采用回转取土器，并以能动调节内管超前值的皮切尔式三重管取土器为最好。为避免冲洗液对土样的渗透软化，泥浆应具有高黏度，并注意控制泵压和流量。

（四）取样质量要求

1. 土试样质量等级

根据试验目的，把土试样的质量分为四个等级，如表 2-1 所示。

表 2-1 等级分类表

等级	扰动程度	实验内容
Ⅰ	不扰动	土类定名、含水量、密度、强
Ⅱ	轻激扰动	度试验、固结试验
Ⅲ	显著扰动	土类定名、含水量、密度
Ⅳ	完全扰动	土类定名、含水量

注：第一，不扰动是指原位应力状态显已改变，但土的结构、密度、蓄水量变化很小，能满足室内试验各项要求；第二，除地基基础设计等级为甲级的工程外，在工程技术要求允许的情况下可用Ⅰ级土试样进行强度和固结试验，但宜先对土试样受扰动程度做拍样鉴定，判定用于试验的适宜性，并结合地区经验使用试验成果。试样采取的工具和方法可按表选择。

2. 取样技术要求

在钻孔中采取Ⅰ～Ⅱ级砂样时，可采用原状取砂器，并按相应的现行标准执行。

（1）在软土、砂土中宜采用泥浆护壁，如使用套管，应保持管内水位等于或稍高于地下水位，取样位置应低于套管底 3 倍孔径的距离。

（2）采用冲洗、冲击、振动等方式钻进时，应在预计取样位置 1 m 以上改用回转钻进。

（3）下放取土器之前应仔细清孔，清除扰动土，孔底残留浮土厚度不应大于取土器废土段长度（活塞取土器除外）。

（4）采取土试样宜用快速静力连续压入法。

（5）具体操作方法应按现行标准执行。

3. 土试样封装、贮存和运输

（1）取出土试样应及时妥善密封，以防止湿度变化，并避免暴晒或冰冻。

（2）土试样运输前妥善装箱、填塞缓冲材料，运输过程中避免颠簸。对于易振动液化、灵敏度高的试样宜就近进行试验。

（3）土试样采集后至试验前的贮存时间一般不应超过两个星期。

第四节　工程物探

一、工程物探的分类及应用

不同成分、结构、产状的地质体，在地下半无限空间呈现不同的物理场分布。这些物理场可由人工建立（如交、直流电场，重力场等），也可以是地质体自身具备的（如自然电场、磁场、辐射场、重力场等）。在地面、空中、水上或钻孔中用各种仪器测量物理场的分布情况，对其数据进行分析解释，结合有关地质资料推断欲测地质体性状的勘探方法，称为地球物理勘探。用于岩土工程勘察时，亦称为工程物探。

按地质体的不同物理场，工程物探可分为：电法勘探、地震勘探、磁法勘探、重力勘探、放射性勘探等。

工程物探的作用主要有以下几点。

（1）作为钻探的先行手段。了解隐蔽的地质界线、界面或异常点（如基岩面、风化带、断层破碎带、岩溶洞穴等）。

（2）作为钻探的辅助手段。在钻孔之间增加地球物理勘探点，为钻探成果的内插，外推提供依据。

（3）作为原位测试手段。测定岩土体的波速、动弹性模量、动剪切模量、卓越周期、电阻率、放射性辐射参数、土对金属的腐蚀性等。

二、直流电阻率法

直流电法勘探中的电阻率法，是岩土工程勘察中最常见的物探方法之一。它是依靠人工建立直流电场，测量欲测地质体与周围岩土体间的电阻率差异，从而推断地质体性质的方法。在自然状态下，地下电介质的电阻率绝不是均匀分布的，观测所得的电阻率值并不是欲测地质体的真电阻率，而是在人工电场作用范围内所有地质体电阻率的综合值，即"视电阻率"值。视电阻率的物理意义是以等效的均匀电断面代替电场作用范围内不均匀电断面时的等效电阻率值。

所以，电阻率法实际上是以一定尺寸的供电和测量装置，测得地面各点的视电阻率，根据视电阻率曲线变化推断欲测地质体性状的方法。

电阻率法根据供电电极和测量电极的相对位置以及它们的移动方式，可分为电测深法和电剖面法两大类，并可以再细分为多种方法，但在岩土工程勘察中应用最广泛的还是对称四极电测深法、对称四极剖面法、联合剖面法和中间梯度剖面法。

三、地震勘探

地震勘探是通过人工激发的弹性波在地下传播的特点来解释判断某一地质体问题。由于岩（土）体的弹性性质不同，弹性波在其中的传播速度也有差异，利用这种差异可判定地层岩性、地质构造等。按弹性波的传播方式，地震勘探主要分为直达波法、折射波法和反射波法。

四、电视测井

（一）以普通光源为能源的电视测井

利用日光灯光源为能源，投射到孔壁，再经平面镜反射到照相镜头来完成对孔壁的探测。

1. 主要设备及工作过程

主要设备：由孔内摄像机、地面控制器、图像监视器等组成的孔内电视。

主要工作过程：孔内摄像机为钻孔电视的地下探测头，它将孔壁情况由一块45°平面反射镜片反射到照相镜头，经照相镜头聚焦到摄像管的光靶面上，便产生图像视频信号。照明光源为特制异形日光灯，在45°平面镜下端嵌有小罗盘，使所摄取的孔壁图像旁边有指示方位的罗盘图像。摄像机及光源能做360°的往复转动，因而可对孔壁四周进行摄像。地面控制器是产生各种工作电源和控制信号的装置，它给地下摄像机的工作状态发出信号。孔内摄像机将视频信号经电缆传送至图像监视器而显示电视图像。

（1）岩石粗颗粒的形状可直接从屏幕上观察，颗粒大小可用直接量取的数据除以放大倍数。

（2）水平裂纹在屏幕上为一水平线。

（3）垂直裂纹：摄像机在孔内转动360°，电视屏幕上将出现不对称的两条垂直线，此两条垂直线方位夹角的平分线所指方位角加减90°，即为裂隙走向。

通过钻孔中心的垂直裂纹，摄像机转动一周，可以看到对称的两条垂直线。当垂直线在屏幕中央时，罗盘所指的方位角即为其走向。

（4）倾斜裂原：在屏幕上呈现波浪曲线，摄像机转动一周，曲线最低点对应罗盘指针方位角即为其倾向。转动到屏幕上出现倾斜的直线与水平线的交角即为其倾角，可直接在屏幕上量得。

（5）裂缝宽度可在屏幕上量得后除以放大倍数。

（6）岩石裂隙填充物为泥质时，屏幕上呈灰白色，充填物为铁锰质时呈灰黑色。其他如孔洞，不同岩石互层等均能从电视屏幕上直接观察到。

2. 使用条件

多用于钻孔孔径大于 100 mm，深度较浅的钻孔中。由于是普通光源，浑水中不能观察，孔壁上有黏性土或岩粉等黏附时，观察也困难。

（二）以超声波为光源的电视测井

以超声波为光源，在孔中不断向孔壁发射超声波束，接受从井壁反射回来的超声波，完成对孔壁的探测，从而建立孔壁电视图像。

1. 主要设备及工作过程

主要设备：井下设备由换能器、马达、同步信号发生器、电子腔等组成，地面设备由照相记录器、监视器及电源等构成。

仪器的主要工作过程：钻孔中，电子腔给换能器以一定时间间隔和宽度的正弦波束做能源，换能器则发射一相应的定向超声波束，此波束在水中或泥浆中传播，遇到不同波阻抗的界面时（如孔壁）产生反射，其反射的能量大小决定于界面的物理特征（如裂隙、空洞）；换能器同时又接收反射回来的超声波束，将其变为电讯号送回电子腔；电子腔对信号做电压和功率放大后，经电缆送至地面设备，用以调制地面仪器荧光屏上光点的亮度；用马达带动换能器旋转并缓慢提升孔下设备，完成对整个孔壁的探测。如果使照相胶片随井下设备的提升而移动，在照相胶片上就记录下连续的孔壁图像。

2. 图像解释

（1）当孔壁完整无破碎时，超声波束的反射能量强，光点亮；反之能量则弱或不反射光，光点暗。若图像上出现黑线则是孔壁裂隙，出现黑斑则是空洞。

（2）孔壁不同的裂缝、空洞的对应解释与以普通光源为能源的电视测井相近。

3.适用条件

适用于检查孔壁套管情况及基岩中的孔壁岩层、结构情况，主要优点是可以在泥浆和浑水中使用。

五、地质雷达

地质雷达是交流电法勘探的一种。

其工作原理是：由发射机发射脉冲电磁波，其中一部分沿着空气与介质（岩土体）分界面传播，经一段时间后到达接收天线（称直达波），为接收机所接收；另一部分传入岩土体介质中，在岩土体中若遇到电性不同的另一介质层或介质体（如另一种岩、土层、裂缝、洞穴）时就发生反射和折射，经一段时间后回到接收天线（称回波）。根据接收到直达波和回波传播时间来判断另一介质体的存在并测算其埋藏深度。地质雷达具有分辨能力强、判释精度高，一般不受高阻屏蔽层及水平层、各向异性的影响等优点。它对探查浅部介质体，如覆盖层厚度、基岩强风化带埋深、溶洞及地下洞室和管线等非常有效。

六、综合物探

物探方法由于具有透视性和高效性，因而在岩土工程勘察中广泛应用，但同时，又由于物性差异、勘探深度及干扰因素等原因而使其具有条件性、多解性，从而使其应用受到一定限制。

因此，对于一个勘探对象只有使用几种工程物探方法，即综合物探方法，才能最大限度地发挥工程物探方法的优势，为地质勘察提供客观反映地层岩性、地质结构与构造及其岩土体物理力学性质的可靠资料。

为了查明覆盖层厚度，了解基岩风化带的埋深、溶洞及地下洞室、管线位置，追踪断层破碎带、地裂缝等地质界线，常使用直流电阻率法、地震勘探或地质雷达方法。大量实践证明：只要目的层存在明显的电性或波速差异，且有足够深度，都可以用电阻率法普查，再用地震勘探或地质雷达详查。

此外，用直流电阻率法、磁法勘探和重力勘探联合寻找含水溶洞，用地震勘探、直流电阻率法、放射性勘探联合查明地裂缝三维空间展布的可靠程度也已接近 100%。

第五节　岩土野外鉴别与现场描述

一、现场描述及鉴别的基本要求

（1）描述人员应认真观察，及时、全面、准确地做好描述记录工作，如实地反映客观情况。

（2）当岩、土的成因类型及地质时代等难以确定时，应将直观特征详细描述，宜根据区域地质资料和调查结果综合研究分析后确定。

（3）为消除对同一岩土层认识上的人为差异，在描述工作开展前，项目（技术）负责人应召集所有描述人员对岩、土层进行示范性描述，统一描述标准。

（4）勘探点的位置如有移动，应注明移动的方位、高差及距离，必要时宜画出示意图，或用仪器测量其坐标、高程，并说明移动原因。

（5）描述应使用专门的记录表格，逐项用铅笔（铅笔硬度建议采用2H，标签浸蜡时可不用铅笔）书写，字迹清晰，严禁涂抹；需要更改时，更改内容写在旁边，被更改部分用单横线画出。

（6）颜色，应在岩土的天然状态下进行描述，并应副色在前，主色在后。例如，黄褐色，以褐色为主色，带黄色；若土中含氧化铁，则土呈红色或棕色；土中含大量有机质，则土呈黑色，表明土层不良；土中含较多的碳酸钙、高岭石，则土呈白色。

（7）分层厚度的划分。

1）层厚大于0.5 m时，必须单独划分为一层。

2）当层厚小于0.5 m，但对岩土工程评价具有特殊意义的岩土层，宜单独分层描述，如岩体中的软弱夹层、土体中极薄软弱层等。并按主要组成物质定名，如页岩夹层、断层泥夹层、淤泥夹层等。

3）同一土层中相间成韵律沉积，当薄层与厚层的厚度比为1/10~1/3时，宜定名为"夹层"，厚的土层写在前面，如黏土夹粉砂层；当厚度比大于1/3时，宜定名为"互层"，如黏土与粉砂互层；厚度比小于1/10的土层，且有规律地多次出现时，宜定名为"夹薄层"，如黏土夹薄层粉砂。

（8）含有物。土中含有非本层成分的其他物质称为含有物，如碎砖、炉渣、石灰渣、植物根、有机质、贝壳、氧化铁等。有些地区有粉质黏土或粉土中含坚硬的姜石，海滨或古池塘往往含贝壳。土中含有物的用词：当岩、土中的次要成分和杂质均匀分布时，用"含"，如"粉质黏土含约 10% 铁锰质结核"；当岩、土中的次要成分和杂质非均匀分布时，用"混"，如"粉质黏土混少量碎石"；当岩、土中的次要成分和杂质呈层状分布时，用"层"，如"粉质黏土层、粉土薄层"；岩、土中由于地质作用造成的工程地质现象，称为"有"。

（9）土中的含混物量的划分：如含少量、含、含多量；混少量、混、混多量，含混合物的定量一般以不大于 10% 为界。

（10）为保证钻探质量及地层划分的准确性，应仔细观察岩芯，每间隔一定尺寸（或变层处）必须采取代表性上样进行鉴别描述，间隔大小应根据岩土类别及变层情况综合确定，不得超过钻头的本体长度，对均匀地层宜不超过 2 m 或 3 m，岩性相同时也应逐项描述，不得使用"同上"词语。

二、岩石的分类

岩石按其成因类型分为岩浆岩、沉积岩、变质岩三大类。

岩石按风化程度可分为以下几类。

（1）微风化的坚硬岩。

（2）（未风化、微风化的大理岩、板岩、石灰岩、白云岩、钙质砂岩等软质岩。

（3）中等风化、强风化的坚硬岩或较硬岩。

（4）未风化、微风化的凝灰岩、千枚岩、泥灰岩、砂质泥岩等软岩。

（5）强风化的坚硬岩或较硬岩。

（6）中等风化、强风化的较软岩。

（7）未风化、微风化的页岩、泥岩、泥质砂岩等。

（8）各种半成岩。

三、岩石的鉴别与描述

1. 岩石描述的内容与顺序

名称、颜色、矿物成分、结构、构造、胶结物、风化程度、破碎程度及产状要素等。描述岩石名称时，应按岩石学定名。如遇两种矿物组成的岩石，应以次要矿物在前，主要矿物在后定名。如砂岩中，石英为主要矿物，长石为次要矿物，则该砂岩定名为长石石英砂岩。岩石的颜色，应分别描述其新鲜面及风化面。

2. 岩石的结构和构造描述

（1）岩浆岩的结构，应描述矿物的结晶程度及颗粒大小、形状和组合方式。按结晶程度显晶质结构矿物颗粒比较粗大，肉眼可辨别隐晶质结构矿物颗粒在肉眼和放大镜下均看不见，只有在显微镜下能识别玻璃质结构矿物，没有结晶按结晶颗粒相对大小，粗粒结构颗粒直径大于 5 mm，中粒结构颗粒直径为 2~5 mm，细粒结构颗粒直径为 0.2~2 mm，微粒结构颗粒直径小于 0.2 mm，按结晶颗粒形态，等粒结构岩石中矿物全部为结晶质，粒状，同种矿物颗粒大小近乎相等，不等粒结构岩石中同种矿物颗粒大小不等，斑状结构岩石中比较粗大的晶粒散布于较细小的物质中。岩浆岩的构造，应描述岩石中不同矿物和其他组成部分的排列与充填方式所反映出来的岩石外貌特征。常见的岩浆岩构造有：块状构造、流纹状构造、气孔状构造和杏仁状构造等。

（2）沉积岩的结构，应描述其沉积物质颗粒的相对大小、颗粒形态和颗粒大小的相对含量。沉积岩的结构可分为碎屑结构、泥质结构、生物结构等。沉积岩的构造，应描述其颗粒大小、成分、颜色和形状不同而显示出来的成层现象。常见的层理构造有：水平层理构造、波状层理构造和斜层理构造。

（3）变质岩的结构，应描述矿物粒度大小、形状、相互关系。根据变质作用和变质程度分为：变晶结构、变余结构、碎裂结构、交代结构。变质岩的构造，应描述岩石中不同矿物颗粒在排列方式上所具有的岩石外貌特征。常见的构造有片状构造、带状构造、片麻状构造、千枚状构造、块状构造、板状构造和斑点状构造等。

3. 碎石土的描述内容及顺序

碎石土的描述内容及顺序：名称、主要成分、一般粒径、最大粒径、磨圆度、风化程度、坚固性、密实度、充填物（成分、性质、百分数）、胶结性及层理特征等。

（1）对碎石土的成分，应描述碎块的岩石（母岩）名称。当不易鉴别时，可只描述碎块岩石的成因类型。

（2）碎块的坚固性可分为坚固的（锤击不易碎）、较坚固的（锤击易碎）、不坚固的（原生矿物大部分已风化，多为次生矿物，手能掰开）。

（3）当碎石土的充填物为砂土时，应描述其颗粒级配及密实度；当充填物为黏性土时，应描述其名称、湿度、状态、含有物及所占质量百分比；当无充填物时，则应描述颗粒排列、孔隙的大小及颗粒的接触关系等。

（4）对碎石土的胶结性，应描述颗粒之间的胶结物名称及胶结程度。胶结程度可分为微胶结、中等胶结和强胶结。

第三章　岩土工程室内试验

岩土性质的室内试验项目和试验方法应符合现行国家标准的规定。岩土工程评价时所选用的参数值，宜与相应的原位测试成果或原型观测及分析成果比较，经修正后确定。试验项目和试验方法，应根据工程要求和岩土性质的特点确定。当需要时应考虑岩土的原位应力场和应力历史，工程活动引起的新应力场和新边界条件，使试验条件尽可能接近实际；并应注意岩土的非均质性、非等向性和不连续性以及由此产生的岩土体与岩土试验在工程性状上的差别。对特种试验项目，应制订专门的试验方案。制备试样时，应对岩土的重要性状做肉眼鉴定和简要描述。

第一节　土的物理性质试验

各类工程均应测定下列土的分类指标和物理性质指标。

（1）砂土。颗粒级配相对密度、天然含水率、天然密度、最大和最小密度。

（2）粉土。颗粒级配液限、塑限、相对密度、天然含水率、天然密度和有机质含量。

（3）黏性土。液限、塑限、相对密度、天然含水率、天然密度和有机质含量。

注：对砂土，如无法取得Ⅰ级、Ⅱ级、Ⅲ级土样时，可只进行颗粒级配试验。目测鉴定不含有机质时，可不进行有机质含量试验。

测定液限时，应根据分类评价要求，选用现行国家标准规定的方法，并应在试验报告上注明。有经验的地区，相对密度可根据经验确定。

当需进行渗流分析、基坑降水设计等要求提供土的透水性参数时，可进行渗透试验。常水头试验适用于砂土和碎石土；变水头试验适用于粉土和黏性土；透水性很低的软土可通过固结试验测定固结系数、体积压缩系数，计算渗透系数。土的渗透系数取值应与野外抽水试验或注水试验的成果比较后确定。

如需对土方回填或填筑工程进行质量控制，应进行击实试验，测定土的干密度与含水率的关系，确定最大干密度和最优含水率。

一、土的三相比例指标

土的三相物质在体积和质量上的比例关系称为土的三相比例指标。三相比例指标反映了土的干燥与潮湿、疏松与紧密，是评价土的工程性质的最基本的物理性质指标，也是工程地质勘察报告中不可缺少的基本内容。

二、土的物理状态指标

土的物理状态指标与物理性质指标不同，自然界中的土按有无黏性主要分为无黏性土和黏性土。无黏性土物理状态主要是评价土的密实度；黏性土物理状态主要是评价土的软硬程度或称之为黏性土的稠度。

1.无黏性土的密实度

无黏性土工程性质的好坏看密实度，以砂土为代表。

（1）优点：应用方便、简单。

（2）缺点：不能考虑颗粒大小、级配和形状的影响。

所以，同一种土，可用 e 衡量其密实度，但是不同种的土，不能用 e 衡量，应将最大孔隙比与最小孔隙相比较，建立相对密度的概念。

（3）标准贯入试验（Standard Penetration Test，SPT）。

标准贯入试验是一种原位测试，起源于美国，用卷扬机将质量为 63.5 kg 的钢锤，提升 76 cm 高度，让钢锤自由下落击在锤垫上，使贯入器贯入土中 30 cm 所需的锤击数，记为 N。该试验快速、准确，应用很广泛。

N 的大小反映了土地贯入阻力的大小，即反映了土密实度的大小。一般来说，N 越大，说明土体越密实；N 越小，说明土体越松散。

2.黏性土的物理状态指标

（1）黏性土的状态：随着含水率的改变，黏性土将经历不同的物理状态。

当含水率很高时，土是一种黏滞流动的液体即泥浆，称为流动状态；随着含水率逐渐降低，黏滞流动的特点渐渐消失而显示出塑性，称为可塑状态；当含水率继续降低时，则发现土的可塑性逐渐消失，从可塑状态变为半固体状态。如果同时测定含水率降低过程中的体积变化，则可发现土的体积随着含水率的降低而减小，但当含水率很低时，土的体积却不再随含水率的降低而减小了，这种状态称为固体状态。

（2）界限含水率（国外称为阿登堡界限）。

1）定义：黏性土从一种状态变到另一种状态的含水率分界点称为界限含水率。

2）液限：流动状态与可塑状态间的分界含水率称为液限。

3）塑限：可塑状态与半固体状态间的分界含水率称为塑限。

4）缩限：半固体状态与固体状态间的分界含水率称为缩限。

三、土的颗粒级配

自然界中的土颗粒大小相差悬殊，颗粒大小不同的土，其工程性质也各异。为便于研究，把土的粒径按性质相近的原则进行划分，我国按界限粒径 200 mm、60 mm、2 mm、0.075 mm 和 0.005 mm 把土粒分为 5 组，即漂石（块石）、卵石（碎石）、圆砾（角砾）、砂粒粉粒及黏粒。

土中土粒组成，通常以土中各个粒组的相对含量（各粒组占土粒总质量的百分数）来表示，称为土的颗粒级配。

对于粒径小于或等于 60 mm、大于 0.075 mm 的土可用筛分法；对于粒径小于 0.075 mm 的粉粒和黏粒难以筛分，一般可用密度计法或移液管法测得颗粒级配。根据颗粒分析试验结果，可以绘制颗粒级配曲线。

横坐标（按对数比例尺）表示某一粒径（d），纵坐标表示小于某一粒径的土粒百分含量（%）。由颗粒级配曲线可知某一粒径范围的百分含量。

第二节　土的压缩——固结试验

当采用压缩模量进行沉降计算时，固结试验最大压力应大于土的有效自重压力与附加压力之和，试验成果可用 ep 曲线整理，压缩系数与压缩模量的计算应取土的有效自重压力至土的有效自重压力与附加压力之和的压力段。当考虑基坑开挖卸荷再加荷影响时，应进行回弹试验，其压力的施加应模拟实际的加、卸荷状态。

当考虑土的应力历史进行沉降计算时，试验成果应按 e-lgp 曲线整理，确定先期固结压力并计算压缩指数和回弹指数。施加的最大压力应满足绘制完整的

e-lgp 曲线。为计算回弹指数，应在估计的先期固结压力之后，进行一次卸荷回弹，再继续加荷，直至完成预定的最后一级压力。

当需进行沉降历时关系分析时，应选取部分土试样在土的有效自重压力与附加压力之和的压力下，做详细的固结历时记录，并计算固结系数。

对厚层高压缩性软土上的工程，任务需要时应取一定数量的土试样测定次固结系数，用以计算次固结沉降及其历时关系。

当需进行土的应力 - 应变关系分析，为非线性弹性、弹塑性模型提供参数时，可进行三轴压缩试验，并宜符合下列要求。

（1）采用 3 个或 3 个以上不同的固定围压，分别使试样固结，然后逐级增加轴压，直至破坏；每个围压试验宜进行 1~3 次回弹，并将试验结果整理成相应于各固定围压的轴向应力与轴向应变关系。

（2）进行围压与轴压相等的等压固结试验，逐级加荷，取得围压与体积应变关系曲线。

一、土的力学性质

研究地基变形和强度问题，对于保证建筑物的正常使用和经济牢固等，都具有很大的实际意义。决定建筑物地基变形，以及失稳危险性的主要原因除上部荷载的性质、大小、分布面积与形状及时间因素等条件外，还在于地基土的力学性质，它主要包括土的变形和强度特性。研究土的变形和强度特性，必须从土的应力 - 应变的基本关系出发。土的变形具有明显的非线性特征，地基土的非均质性是很显著的，但目前在一般工程中计算地基变形和强度的方法，都还是先把地基土看成均质体，再利用某些假设条件，最后结合工程经验加以修正的方法进行的。

二、土的压缩性

1. 基本概念

土在压力作用下体积缩小的特性称为土的压缩性。土的压缩可以看成是土中孔隙体积的减小。土的压缩随时间而增长的过程，称为土的固结。饱和软黏土的固结变形往往需要几年到几十年的时间来完成，必须考虑地基变形和时间的关系。地基土在外荷载作用下，水和空气逐渐被挤出，且土的骨架颗粒之间相互挤紧、封闭，气泡的体积也将减小，因而引起土层的压缩变形。通常，土的这一受压缩过程被称为土的固结。

通过试验测定土的压缩系数、压缩模量、压缩指数、回弹指数、固结系数、先期固结压力等固结试验指标，可用来分析、判别土的固结特性和天然土层的固结状态，从而计算出土工建筑物及地基的沉降，并估算出区域性的地面沉降等。

2. 标准固结试验

标准固结试验，是指以每级荷重下（一般加压等级为 12.5 kPa、25 kPa、50 kPa、100 kPa、200 kPa、400 kPa、800 kPa、1 600 kPa、3 200 kPa，最后一级的压力应大于上覆土层的计算压力 100~200 kPa 固结 24 h 或每小时固结变形 ≤ 0.01 mm 作为相对固结稳定标准，通过 e-p 曲线，e 为土的孔隙比，p 为土体压力值，计算求得土的压缩系数、压缩模量等。

3. 快速固结试验

对沉降计算精度要求不高，渗透性较大的土，可采用快速固结的试验方法。该实验方法以荷重下固结 1 h 作为稳定标准，最后一级稳定标准为每小时固结变形 ≤ 0.01 mm，并最终以等比例综合固结度进行修正，同时通过 e-p 曲线计算求得土的压缩系数、压缩模量等。

三、砂土的鉴别与描述

（一）砂土的分类

砂土按颗粒级配分为：砾砂、粗砂、中砂、细砂、粉砂。

砾砂粒径大于 2 mm 的颗粒质量占总质量 25%~50%，粗砂粒径大于 0.5 mm 的颗粒质量超过总质量 50%，中砂粒径大于 0.25 mm 的颗粒质量超过总质量 50%，细砂粒径大于 0.075 mm 的颗粒质量超过总质量 85%，粉砂粒径大于 0.075 mm 的颗粒质量超过总质量 50%。注：定名时应根据颗粒级配由大到小以最先符合者确定。

（二）砂土的描述内容及顺序

砂土的描述内容及顺序：名称、颜色、成分、颗粒级配、密实度、胶结程度、黏性土含量、湿度、含有物及其他特征。

砂土的成分，应描述其颗粒的矿物成分。

砂土的结构，应描述其颗粒级配和磨圆度；级配可分为良好（混粒的）和不良（均粒的），磨圆度可分为圆形、亚圆形、亚角形和棱角形。

砂土的构造，应描述其颗粒大小、成分、颜色和形状不同而显示出来的成层现象。层状构造可分为水平状、波状、斜层状和交错状构造等。

砂土中混有黏性土和碎石土时，应描述其分布的均匀性和含量的重量百分比（或以多、少表示）。砂土中有机质含量超过 3% 时，应注明"含有机质"字样。

四、粉土

粉土的描述内容及顺序：名称、颜色、颗粒级配、包含物、湿度、密实度、触变性及层理特征等。

粉土具有包含物时，应描述其质量的百分比。

粉土的湿度可根据其野外特征或室内测定的天然含水量 w（%）确定。

五、黏性土

黏性土的描述内容及顺序：名称、颜色、湿度、状态、包含物、水理性、层理特征及其他特征。

黏性土的状态根据液性指数可分为：坚硬、硬塑、可塑、软塑、流塑。

第三节　土的抗剪强度试验

土是一种以固体颗粒为主的散体结构，粒间连接较弱，因此在外力作用下，其强度表现在土粒之间的错动、剪切以及破坏上。因此土体的强度指它的抗剪强度，土的破坏是剪切破坏。抗剪强度是指土体抵抗剪切破坏的能力。

一、黏性土的抗剪强度特性试验研究

试验设备及试样本次试验所用的仪器是北京工业大学从日本引进的 DTA-138 型环剪仪，该仪器具有多种试验功能，能够满足试验中对剪切速率的调节要求。环剪试样的尺寸为内径 10 cm、外径 15 cm、高 2 cm。该类环剪仪采用了高精度的传感器和自动机械传动控制装置，测试精度高且具有良好的稳定性，试验条件和成果能够更加真实地反映实际情况。

试验内容本书针对三种不同的黏性土在不同的固结状态下进行了较系统的试验研究，探讨了大变形土体的抗剪强度变化规律，试验共分 21 组。首先将各土样烘干过 2 mm 筛，然后加水配成大于液限的稀泥浆土，充分搅拌静置 24 h 之后将泥浆倒入固结筒中进行前期固结，待 24 h 内固结变形不超过 0.01 mm 时，认为固结完成，然后按规定的步骤制成环状试样，在环剪仪中进行剪切前固结，固结完成后便可进行大位移环剪试验直至达到稳定的残余强度。通过控制前期固结压力值 Pe 和剪切时正应力 σ 的大小可以获得不同超固结比的试样。

二、试验结果及分析

应力历史对黏性土抗剪强度的影响应力历史表示土在形成的地质年代经历应力变化的情况。

1. 根据土体的固结状态，自然界中土体按沉积过程可分为三类

（1）正常固结土，即先期固结压力与土层现有固结压力相同，OCR=1。

（2）超固结土，即先期固结压力大于土层现有固结压力，OCR>1。

（3）欠固结土，相对于正常固结和超固结而言，这种土的形成历史较短，自重作用下的固结尚未完成，也即先期固结压力小于土层现有固结压力，OCR<1。不同固结状态的土会有不同的抗剪强度特性。

2. 不同的剪切带形态

已有研究表明，黏性土之所以在峰值强度后会经历下降阶段，主要是由于在大变形剪切时，土体的结构遭到破坏，土颗粒之间由紧密的咬合排列变得疏松，并且黏粒成分沿剪切方向呈平行的定向排列，因此降低了颗粒之间的摩擦及咬合作用，从而降低了抗剪强度直至达到稳定的残余强度。而塑性指数综合反映了黏土的物质组成，塑性指数越大，则黏粒成分含量越高，因此越容易形成黏粒成分的定向排列，则最终导致剪切破坏面上的抗剪强度越低。通过对三种不同塑性指数的黏性土进行系统的环剪试验研究，本书探讨了黏性土在大变形阶段的抗剪强度变化规律，尤其是应力历史及塑性指数对残余强度的影响，并得出以下结论。

（1）本试验所采用的环剪仪无论对于粉质黏土还是黏土均具有良好的稳定性，测试精度较高。

（2）对于塑性指数不大的粉质黏土，应力历史对其抗剪强度的影响并不显著。

（3）对于塑性指数较大的黏土，应力历史对残余强度没有影响，而峰值强

度具有随着超固结比的增大而增大的趋势，且最终接近粉质黏土的峰值强度。

（4）塑性指数是影响残余强度的重要因素，随着塑性指数的增大，残余强度显著降低。

（5）黏性土剪切沉降曲线的类型与塑性指数和超固结比有关，塑性指数较低的粉质黏土的剪切沉降曲线呈典型的剪切压密型；而对于塑性指数较高的黏土，沉降曲线则随着超固结比的增加，由剪切压密型逐渐转化分为两个阶段，分别是初始剪胀阶段和剪切压密阶段。

第四节　土的动力性质试验

当工程设计要求测定土的动力性质时，可采用动三轴试验、动单剪试验或共振柱试验。在选择试验方法和仪器时，应注意其动应变的适用范围。动三轴试验和动单剪试验可用于测定土的下列动力性质：①动弹性模量、动阻尼比及其与动应变的关系；②既定循环周数下的动应力与动应变关系；③饱和土的液化剪应力与动应力循环周数关系。共振柱试验可用于测定小动应变时的动弹性模量和动阻尼比。

一、土的动荷载

动荷载的类型很多，如爆炸、地震、风浪、车辆通行、机器振动等，它们都各有特点。当静荷载作用于土样时，荷载由小到大逐渐增加，只需用大小和方向（压缩或拉伸）即可将荷载描述清楚。当往复循环动荷载作用于土样时，表示动荷载特征的要素有：动荷载幅值大小、振动频率、持续时间、波形形状、规则波还是不规则波等。地震和机器振动是两种不同形式的动荷载，两者性状差别很大，地震荷载的特征为超低频、幅值大、持续时间短的不规则波；机器振动为高频、幅值小、持续时间长的规则波。

研究土在地震荷载作用下的动力反应是土动力学的主要内容。随着计算机技术的快速发展，现今可以用实测的地震荷载作为动荷载施加于土样进行动力试验，但这样做工作量很大，且地震记录没有重复性，实际意义不大。所以，目前室内常规试验所采用的动荷载，其波形为拉压对称的正弦波，频率为 0.5~2.0 Hz。

二、常用的土动力指标

土的应力 - 应变是非线性的，这种特征对地震剪切荷载作用下的地基反应有很大影响。当一个循环荷载作用于土体，其应力 - 应变曲线可表示为一狭长的封闭滞回圈。土的应力 - 应变是非线性的，而且能吸收相当大的能量。应力 - 应变的非线性和吸收能量现象在应变水平大时更为明显，而在加荷初期和小应变时接近线性和弹性。进行地震条件下的地面反应分析时，土体处于较小的应变水平，大多采用等效线性黏弹体模型来描述土的应力 - 应变特征。当动荷载较大或持续时间较长时，相应土的应变逐渐增大，土处于高应变水平，这种情况下需要评估在地震荷载作用下地基的稳定性，这时需要确定土的动强度。所以在地震荷载作用下，进行地面动力反应分析时，需确定小应变下的剪切模量和阻尼比，在大应变时需确定土的动强度。

第五节　岩石试验

组成地壳的岩石，都是在一定的地质条件下，由一种或几种矿物自然组合而成的矿物集合体。岩石是具有一定矿物成分、结构、构造的连续体。

岩石的成分和物理性质试验可根据工程需要选定下列项目：

①岩矿鉴定；②颗粒密度和块体密度试验；③吸水率和饱和吸水率试验；④耐崩解性试验；⑤膨胀试验；⑥冻融试验。

单轴抗压强度试验应分别测定干燥和饱和状态下的强度，并提供极限抗压强度和软化系数。岩石的弹性模量和泊松比，可根据单轴压缩变形试验测定。对各向异性明显的岩石，应分别测定平行和垂直层理面的强度。

岩石三轴压缩试验宜根据其应力状态选用四种围压，并提供不同围压下的主应力差与轴向应变的关系。

岩石直接剪切试验可测定岩石以及节理面、滑动面、断层面或岩层层面等不连续面上的抗剪强度，并提供 c 中值和各法向应力下的剪应力与位移曲线。

岩石抗拉强度试验可在试件直径方向上施加 - 对线性荷载，使试件沿直径方向破坏，间接测定岩石的抗拉强度。

当间接确定岩石的强度和模量时，可进行点荷载试验和声波速度测试。

一、岩石的水理性质

1.岩石的吸水性

岩石的吸水性反映岩石在一定条件下的吸水能力，一般用吸水率表示。

岩石的吸水率：岩石在通常大气压下的吸水能力。在数值上等于岩石的吸水重量与同体积干燥岩石重量之比，用百分数表示。

饱水率和饱水系数可用来判断抗冻性和抗风化能力。

2.岩石的透水性

岩石的透水性反映岩石允许水透过本身的能力，用渗透系数来表示。

岩石的渗透系数 K：单位水力梯度下的单位流量，又称水力传导系数，表示流体通过孔隙骨架的难易程度。

3.岩石的软化性

其反映岩石受水作用后，强度与稳定性发生变化的性质。岩石软化性的指标是软化系数。

岩石的软化系数 h：在数值上等于岩石在饱和状态下的极限抗压强度和在风干状态下的极限抗压强度的比，用小数表示。

4.岩石抗冻性

岩石孔隙中有水存在时，水结冰体积膨胀，产生巨大压力。由于这种压力的作用，会促使岩石的强度降低和稳定性破坏。岩石抵抗这种压力作用的能力称为岩石的抗冻性。在高寒冰冻地区，抗冻性是评价岩石工程性质的一个重要指标。岩石的抗冻性有不同的表示方法，一般用岩石在抗冻试验前后抗压强度的降低率来表示。

二、岩石的力学性质

岩石在外力作用下，首先发生变形，当外力继续增加到某一数值后，就会产生破坏。所以在研究岩石的力学性质时，既要考虑岩石的变形特性，也要考虑岩石的强度特性。岩石受力作用后产生变形，在弹性范围内，岩石的变形性能一般用弹性模量和泊松比两个指标表示。

1.弹性模量和泊松比

弹性模量 E：应力应变之比。

泊松比 v：横向应变与纵向应变的比。

2. 岩石的强度

岩石的强度反映岩石抵抗外力破坏的能力。岩石的强度和应变形式有很大关系。岩石受力的作用而发生破坏，有压碎、拉断和剪切等形式，所以其强度可分为抗压强度、抗拉强度、抗剪强度等。

（1）抗压强度 Re：反映岩石在单向压力作用下抵抗压碎破坏的能力。在数值上等于岩石受压达到破坏时的极限应力。

（2）抗拉强度：在数值上等于岩石单向拉伸时，拉断破坏时的最大张应力。岩石的抗拉强度远小于抗压强度。

（3）抗剪强度（抗剪断强度、抗切强度抗摩擦强度）：反映岩石抵抗剪切破坏的能力。在数值上等于岩石受剪切破坏时的极限剪应力。在一定压力下岩石剪断时，剪破面上的最大剪应力，称为抗剪断强度。

第四章 岩土工程现场勘察施工

岩土工程现场勘察施工是在勘查现场采用不同勘察技术手段或方法进行的勘察工作，了解和查明建筑场地的工程地质条件，应依据工程类别和场地复杂程度的不同，遵循由易到难、先简单后复杂，从地表到地下、从勘察成果到检验成果的原则。本章的学习主要包括工程地质测绘与调查、岩土工程勘探、原位测试、现场检验与监测四个方面。

第一节 工程地质测绘与调查

在岩土工程勘察中，工程地质测绘是一项简单、经济又有效的工作方法，它是岩土工程勘察中最重要、最基本的勘察方法，也是各项勘察中最先进行的一项勘察工作。

1. 工程地质测绘

工程地质测绘是运用地质、工程地质理论对与工程建设有关的各种地质现象进行详细观察和描述，以查明拟定工作区内工程地质条件的空间分布和各要素之间的内在联系，并按照精度要求将它们如实地反映在一定比例尺的地形底图上，并结合勘探、测试和其他勘察工作资料编制成工程地质图的过程。

2. 工程地质测绘的目的和任务

查明建筑场地及邻近地段的工程地质条件，重点对开发建设的适宜性和场地的稳定性做出评价，为拟建工程建筑选择最佳地段，为后续勘探工作的布置提供依据。

3. 工程地质测绘的分类

根据研究内容的不同，工程地质测绘可分为综合性工程地质测绘和专门性工程地质测绘两种。

综合性工程地质测绘是对工作区内工程地质条件各要素的空间分布及各要素

之间的内在联系进行全面综合的研究，为编制综合工程地质图提供资料。

专门性工程地质测绘是为某一特定建筑物服务的，或者是对工程地质条件的某一要素进行专门研究以掌握其变化规律，如第四纪地质、地貌、斜坡变形破坏等，为编制专用工程地质图或工程地质分析图提供依据。

无论哪种工程地质测绘都是为建筑物的规划、设计和施工服务的，都有特定的研究项目。例如，在沉积岩分布区应着重研究软弱岩层和次生泥化夹层的分布、层位、厚度、性状、接触关系，可熔岩类的岩溶发育特征等；在岩浆岩分布区，侵入岩的边缘接触带、平缓的原生节理、岩脉及风化壳的发育特征、喷出岩的喷发间断面、凝灰岩及其泥化情况、玄武岩中的气孔等则是主要的研究内容；在变质岩分布区，其主要的研究对象则是软弱变质岩带和夹层等。

4. 工程地质测绘的适用条件

（1）岩石出露或地貌、地质条件较复杂的场地应进行工程地质测绘。对地质条件简单的场地，可用调查代替工程地质测绘。

（2）工程地质测绘和调查宜在可行性研究阶段或初步勘察阶段进行。在可行性研究阶段收集资料时，宜包括航空相片、卫片的解释结果。在详细勘察阶段可对某些地质问题（如滑坡、断层）进行补充调查。

5. 工程地质测绘的工作程序

工程地质测绘的程序和其他的地质测绘工作基本相同，主要有：工程地质测绘前期工作（包括收集资料、现场踏勘和编制工程地质测绘纲要）、实地测绘及资料整理与成果编制。

6. 工程地质测绘的工作方法

工程地质测绘的方法有相片成图法和实地测绘法。

相片成图法是利用地面摄影或航空（卫星）摄影的像，在室内根据判译标志，结合所掌握的区域地质资料，把判明的地层岩性、地质构造、地貌、水系和不良地质现象等，调绘在单张相片上，并在相片上选择需要调查的若干地点和路线，然后据此做实地调查，进行核对修正和补充。将调查得到的资料，转绘在等高线图上而成工程地质图。

当该地区没有航测等相片时，工程地质测绘主要依靠野外工作，即实地测绘法。

一、工作准备

（一）收集资料与现场踏勘

1.收集资料

如区域地质资料（区域地质图、地貌图、构造地质图、地质剖面图及其文字说明）、遥感资料、气象资料、水文资料、地震资料、水文地质资料、工程地质资料及建筑经验等。

2.现场踏勘

在搜集研究资料的基础上，为了解测绘工作区地质情况和问题而在实地进行的工作，以便合理布置观测点和观察路线，正确选择实测地质剖面位置，拟定野外工作方法。踏勘的方法和内容主要包括以下几点。

（1）根据地形图，在工作区范围内按固定路线进行踏勘，一般采用"Z"字形，曲折、迂回而不重复的路线，穿越地形地貌、地层、构造、不良地质现象等有代表性的地段。

（2）为了解全区的岩层情况，在踏勘时选择露头良好、岩层完整、有代表性的地段做出野外地质剖面，以便熟悉地质情况和掌握工作区岩土层的分布特征。

（3）寻找地形控制点的位置，并抄录坐标、标高资料。

（4）询问和搜集洪水及其淹没范围等情况。

（5）了解工作区的供应、经济、气候、住宿及交通运输条件。

（二）工具及物品准备

1.人员组织及调查工具、物品材料准备

按照测绘精度要求精心组织人员，并准备好调查工具和物品，主要有：罗盘、放大镜、地质锤、GPS仪、水温计、pH试纸、三角堰、工兵铲、三角板、钢卷尺、三角堰流量表、手图、清图、各种记录表格、文件夹、记录物品（文具盒、铅笔、签名笔、橡皮）、照相机等。

2.GPS仪的调试

野外正式工作前，须对CPS进行初始化与定点误差检测，利用测区内已知三角坐标、点坐标进行校准，校准误差小于15 m。GPS在测区内的定点误差小

于 50 m。CPS 的坐标系统依据所在测区地形图坐标系统选择北京 54 坐标系。工作前，需检查手持 GPS 内置电池电量，当内置电池电量显示不足时应及时更换。据工作区具体情况选择手持 GPS 坐标格式，如使用高斯坐标时，在工作前应输入工作区 6 带的中央经线。

（三）熟知工程地质测绘技术要求

1. 测绘范围的确定

（1）确定的依据。

1）根据规划与设计建筑物的要求在与该工程活动有关的范围内进行。

2）应考虑拟建建筑物的类型、规模和设计阶段及区域工程地质条件的复杂程度和研究程度。

（2）影响测绘范围的因素。

1）拟建建筑物的类型及规模的影响：建筑物类型不同，规模大小不同，则它与自然环境相互作用影响的范围、规模和强度也不同。选择测绘范围时，首先要考虑到这一点。例如，大型水工建筑物的兴建，将引起极大范围内的自然条件发生变化，这些变化会产生各种作用于建筑物的岩土工程问题，因此，测绘的范围必须扩展到足够大，才能查清工程地质条件，解决有关的岩土工程问题。如果建筑物为一般的房屋建筑，且区域内没有对建筑物安全有危害的地质作用，则测绘的范围就不需很大。

2）建筑设计阶段的影响：在建筑物规划和设计的开始阶段，为了选择建筑地区或建筑场地，可能有多种方案，相互之间又有一定的距离，测绘的范围应把这些方案的有关地区都包括在内，因而测绘范围很大。但到了具体建筑物场地选定后，特别是建筑物的后期设计阶段，就只需要在已选工作区的较小范围内进行大比例尺的工程地质测绘。可见，工程地质测绘的范围是随着建筑物设计阶段的提高而减小的。

3）工程地质条件复杂和研究程度的影响：工程地质条件复杂、研究程度差，工程地质测绘范围就大。分析工程地质条件的复杂程度必须分清两种情况：一种是工作区内工程地质条件非常复杂，如构造变化剧烈，断裂发育或者岩溶、滑坡、泥石流等物理地质作用很强烈；另一种是工作区内的地质结构并不复杂，但在邻近地区有可能产生威胁建筑物安全的物理地质作用的发源地，如泥石流的形成区、强烈地震的发震断裂等。这两种情况都会直接影响建筑物的安全，若仅在工作区内进行工程地质测绘则后者不能被查明，因此必须根据具体情况适当扩大工程地质测绘的范围。

在工作区或邻近地区内如已有其他地质研究所得的资料，则应搜集和运用它们，如果工作区及其周围较大范围内的地质构造已经查明，那么只需分析、验证它们，必要时补充进行专门问题研究即可，如果区域地质条件研究程度很差，则大范围的工程地质测绘工作就必须提上日程。

（3）工程地质测绘的范围。

1）工程建设引起的工程地质现象可能影响的范围。

2）影响工程建设的不良地质作用的发育阶段及其分布范围。

3）对在明测区地层岩性、地质构造、地貌单元等问题有重要意义的邻近地段。

4）地质条件特别复杂时可适当扩大范围。

2. 比例尺的选择

取决于设计要求、建筑物的类型、规模和工程地质条件的复杂程度。

（1）设计要求的影响。

在工程设计的初期阶段属于规划选点性质，有若干个比较方案，测绘范围较大，而对工程地质条件研究的详细程度要求不高，所以工程地质测绘所采用的比例尺一般较小。随着建筑物设计阶段的提高，建筑物的位置具体，研究范围随之缩小，对工程地质条件研究的详细程度要求亦随之提高，工程地质测绘的比例尺也就逐渐加大。而在同一设计阶段内，比例尺的选择又取决于建筑物的类型、规模和工程地质条件的复杂程度。建筑物的规模大，工程地质条件复杂，所采用的比例尺就大。正确选择工程地质测绘比例尺的原则是：测绘所得到的成果既要满足工程建设的要求，又要尽量节省测绘工作量。

（2）勘察阶段的影响。

不同的工程对象、工作内容、勘察阶段及地质条件的复杂程度等对测绘比例尺的要求是不一样的，不同的部门对测绘比例尺的要求也是不同的。总的原则是必须满足工程阶段对测绘工作的要求和符合国家有关规范与规定。对工程要求越高、测绘内容越全、工程阶段越深入、测区地质条件越复杂等，所要求的比例尺也就越大。这里需要强调的是，不同的行业对大、中、小比例尺的认定范围会有所不同，实际工作中要注意相应的行业标准。

（3）比例尺类型选择。

小比例尺测绘比例尺 1：5000~1：5000，用于可行性研究勘察阶段，以查明规划区的工程地质条件，初步分析区域稳定性等主要岩土工程问题，为合理选择工作区提供工程地质资料；中比例尺测绘比例尺 1：2000~1：5000，主要用于建筑物初步设计阶段的工程地质勘察，以查明工作区的工程地质条件，为合理选择建筑物并初步确定建筑物的类型和结构提供地质资料；大比例尺测绘比例尺1：500~1：2000，适用于详细勘察阶段，一般在建筑场地选定以后才进行大比例尺的工程地质测绘，以便能详细查明场地的工程地质条件。当地质条件复杂或建筑物重要时，比例尺可适当放大，对工程有重要影响的地质单元体（滑坡、断层、软羽夹层、洞穴等），可采用扩大比例尺表示。

3. 工程地质测绘精度确定

工程地质测绘精度用于对地质现象观察描述的详细程度，以及工程地质条件各因素在工程地质图上反映的详细程度表示，其必须与工程地质图的比例尺相适应。

（1）地质现象观察描述的详细程度。

地质现象观察描述的详细程度是以工作区内单位测绘面积上观测点的数量和观测线的长度来控制的。通常不论比例尺多大，一般都以图上的距离为2~3 cm有一个观测点来控制，比例尺的增大，实际面积的观测点数就增大；当天然露头不足时，必须采用人工露头来补充，所以在大比例尺测绘时，常需配合有刺土、探槽、试坑等坑探工程，并选取少量的土样进行试验。在条件适宜时，可配合进行一定的物探工作。通常观测点的分布是不均匀的，工程地质条件复杂的地段多一些工程。

（2）各要素在工程地质图上反映的详细程度。

用测绘填图时所划分单元的最小尺寸以及实际单元的界线在图上标定时的误差大小来反映。测绘填图时所划分单元的最小尺寸，一般为2 mm，即大于2 mm者均应标示在图上。但对建筑工程有重要影响的地质单元和物理地质现象等，如软弱夹层、断层破碎带、滑坡即使小于2 mm，也应用扩大比例尺的方法标示在图上。如提交成图比例尺为1：25000，则野外测绘填图时应采用1：1000的地形图。

4. 工程地质测绘观察点、线的布置与定位要求

（1）总体要求。

1）观测点的布置应尽量利用天然和已有的人工露头，不是均匀布置，常布置在工程地质条件的关键地段。

2）观测线的布置以最短的线路观察到最多的工程地质现象为原则。

3）地质观测点的密度应根据场地的地貌、地质条件、成图比例尺和工程要求等确定，并应具有代表性。

4）观测点的定位可采用目测法、半仪器法、仪器法和 GPS 法。

5）观测点的描述既要全面又要突出重点，同时还要注意观测点之间的沿途观察记录，反映点间的变化情况。

（2）观测点的布置。

观测点的布置应根据地质条件复杂程度的不同而不同，在工程地质条件复杂地段多一些，简单地段少一些。

1）观测点位置布置：工程地质观测点常布置在以下关键点上：①不同岩层接触处（尤其是不同时代岩层）、岩层的不整合面；②不同地貌、微地貌单元分界处；③有代表性的岩石露头（人工露头或天然露头）；④地质构造线；⑤物理地质现象的分布地段；⑥水文地质现象点；⑦对工程地质有意义的地段。

2）观测点的数量、间距：满足测绘精度要求，一般以图上距离 2~3 cm 有一观测点来控制。

3）观测点的定位：工程地质观测点定位时所采用的方法，对成图质量影响很大。根据不同比例尺的精度要求和地质条件的复杂程度，可采用不同方法。

目测法对照地形底图寻找标志点，根据地形地物目测或步测距离标测。适用于小比例尺工程地质测绘，在可行性勘察阶段时采用。

半仪器法用简单的仪器（如罗盘、皮尺、气压计等）测定方位和高程，用徒步或测绳测量距离，一般适用于中等比例尺测绘，在初勘阶段时采用；仪器法用经纬仪、水准仪、全站仪等较精密仪器测量观测点的位置和高程，适用于大比例尺工程地质测绘，常用于详勘阶段；GPS 定位仪目前较常用。

关注点：地质观测点的定位应根据精度要求选用适当方法，地质构造线、地层接触线、岩性分界线、软弱夹层、地下水露头和不良地质作用等特殊地质观测点，应采用仪器定位。

4）观测点的描述：观测点的描述既要全面又要突出重点，同时还要注意观测点之间的沿途观察记录，反映点间的变化情况。文字记录要清晰简明，对典型或重要的地质现象，尽量用素描、照片与文字相配合。观测点的记录必须有专门的记录本或卡片，并应统一编号。凡图上所表示的地质现象，均应与文字记录相对应。

（3）观测线路的布置。

1）路线法：沿着一定的路线，穿越测绘场地，把走过的路线正确地填绘在地形图上，并沿途详细观察地质情况，把各种地质界线、地貌界线、构造线、岩层产状和各种不良地质作用等标绘在地形图上。一般用于中、小比例尺，又称穿越法。路线形式有"S"形或"直线"形。

在路线测绘中应注意以下问题：路线起点的位置，应选择有明显的地物，如村庄、桥梁等特殊地形，作为每条路线的起点；观察路线的方向，应大致与岩层走向、构造线方向和地貌单元相垂直，可以用较少的工作量获得较多的成果；观察路线应选择在露头及覆盖层较薄的地方。

2）追索法：沿着地貌单元界线、地质构造线、地层界线、不良地质现象周界进行布线追索，以查明局部地段的地质条件；其是路线法的补充，是一种辅助方法。

3）布点法：根据不同的比例尺预先在地形图上布置一定数量的观察点和观测路线，是工程地质测绘的基本方法，大、中比例尺的工程地质测绘也可采用此种方法。布点法观察路线长度必须满足要求，路线力求避免重复，使一定的观察路线达到最广泛的观察地质现象的目的。在第四系地层覆盖较厚的平原地区，天然岩石露头较少，可采用等间距均匀布点形成测绘网格。通常，范围较大的中、小比例尺工程地质测绘，一般以穿越岩层走向或地貌，物理地质现象单元来布置观测线路为宜。大比例尺的详细测绘，则应以穿越岩层走向与追索地质界线的方法相结合来布置观测路线，以便能较准确地圈定工程地质单元的边界。

（四）编制测绘纲要

1. 目的要求

测绘纲要是进行测绘的依据，勘察任务书或勘察纲要是编制测绘纲要的重要依据，必须充分了解设计意图和内容、工程特点和技术要求。

2. 编制内容

编制内容主要包括：工作任务情况（目的、要求、测绘面积及比例尺），工作区自然地理条件（位置、交通、水文、气象、地形、地貌特征），工作区地质概况（地层、岩性、构造、地下水条件、不良地质现象），工作量，工作方法及精度要求（观察点、勘探点、室内和野外测试工作），人员组织及经费预算，材料、物资、器材的计划，工作计划及工作步骤，要求完成的各种资料、图件。

二、实地测绘

（一）实测剖面

正式测绘前，应首先实测代表性地质剖面，建立典型的地层岩性柱状剖面和标志，划分工程地质制图单元。如已有地层柱状图可供利用，亦应进行现场校核，以加强感性认识，确定填图单位，统一工作方法。岩性综合体或岩性类型是填图的基本单位，可划分到工程地质类型，其界线可与地层界线吻合，也可根据岩性、岩相和工程地质特征进行细分或者归并。

（二）野外调查与描述

1.格式要求

观测点的描述格式如下：

点号：NO.1；

点位：确定观测点的所在位置并标定在地形图上，坐标 X；

性质：说明该观测点的性质，如岩性分界点、地质构造点、地质灾害点、水文地质点等；

描述：按照工程地质测绘内容描述，要求将所观测到的各种现象进行详细描述，并尽量赋予图片、素描等。

2.调查与描述内容

（1）调查的主要内容。

工程地质测绘的内容包括工程地质条件的全部要素，即测绘拟建场区的地层、岩性、地质构造、地貌、水系和不良地质现象、已有建筑物的变形和破坏状况和建筑经验、可利用的天然建筑材料的质量和分布等。主要内容包括以下内容。

1）查明地形、地貌特征及其与地层、构造、不良地质作用的关系，划分地貌单元。

2）岩土的年代、成因、性质、厚度和分布，对岩层应鉴定其风化程度，对土层应区分新近沉积土、各种特殊性土。

3）查明岩体结构类型，各类结构面（尤其是软弱结构面）的产状和性质，岩、土接触面和软弱夹层的特性等，新构造活动的形迹及其与地震活动的关系。

4）查明地下水的类型、补给来源、排泄条件、井泉位置、含水层的岩性特征、埋藏深度、水位变化、污染情况及其与地表水体的关系。

5）搜集气象、水文、植被、土的标准冻结深度等资料，调查最高洪水位及其发生时间、淹没范围。

6）查明岩溶、土洞、滑坡、崩塌、泥石流、冲沟、地面沉降、断裂、地震震害、地裂缝、沿边冲刷等不良地质作用的形成、分布、形态、规模、发育程度及其对工程建设的影响。

7）调查人类活动对场地稳定性的影响，包括人工洞穴、地下采空、大挖大填、抽水排水和水库诱发地震等。

8）建筑物的变形和工程经验。

（2）描述的主要内容。

1）岩石及岩体描述。

岩石的描述：地质年代、地质名称、风化程度、颜色、主要矿物、结构、构造和岩石质量指标 RQD。对沉积岩应着重描述沉积物的颗粒大小形状、胶结物成分和胶结程度；对岩浆岩和变质岩应着重描述矿物结晶大小和结晶程度。

岩体的描述：结构面、结构体、岩层厚度和结构类型，并宜符合下列规定：结构面的描述包括类型、性质、产状、组合形式、发育程度、延展情况、闭合程度、粗糙程度、充填情况和充填物性质以及充水性质等；结构体的描述包括类型、形状、大小和结构体在围岩中的受力情况等。

岩体质量较差的岩体描述：对软岩和极软岩，应注意是否具有可软化性、膨胀性、崩解性等特殊性质；对极破碎岩体，应说明破碎的原因，如断层、全风化等；开挖后是否有进一步风化的特性。

2）土体的描述。

碎石土：颗粒级配、颗粒形状、颗粒排列、母岩成分、风化程度、充填物的性质和充填程度、密实度等。

砂土：颜色、矿物组成、颗粒级配、颗粒形状、黏粒含量、湿度、密实度等。

粉土：颜色、包含物、湿度、密实度、摇震反应、光泽反应、干强度、韧性等。

黏性土：颜色、状态、包含物、光泽反应、摇震反应、干强度、韧性、土层结构等。

特殊性土：除描述一般特征外，尚应描述其特殊成分和特殊性质（物质成分，堆积年代、密实度和厚度的均匀程度）等。对具有互层、夹层、夹薄层特征的土，尚应描述各层的厚度和层理特征。对同一土层中相间呈韵律沉积，当薄层与厚层的厚度比大于 1/3 时，宜定为"互层"；厚度比为 1/10~1/3 时，宜定为"夹层"；夹层厚度比小于 1/10 的土层，且多次出现时，宜定为"夹薄层"；当土层厚度大于 0.5 m 时，宜单独分层。

3）地质构造描述。

a.岩层的产状及各种构造形式的分布、形态和规模。

b.岩层结构面（带）的产状及其性质，包括断层的位置、类型、产状、断距、破碎带宽度及充填胶结情况。

c.岩土层各种接触面及各类构造岩的工程特性。

d.近期构造活动的形迹、特点及与地震活动的关系等。

关注点：对节理、裂隙应重点关注以下三方面：①节理、裂隙的产状、延展性、穿切性和张开性；②节理、裂隙面的形态、起伏差、粗糙度、充填胶结物的成分和性质等；③节理、裂隙的密度或频度。

4）地貌描述。

a.地貌形态特征、分布和成因。

b.划分地貌单元、地貌单元的形成与岩性、地质构造及不良地质现象等的关系。

c.各种地貌形态和地貌单元的发展演化历史。

在大比例尺工程地质测绘中，应侧重微地貌与工程建筑物布置以及岩土工程设计、施工之间的关系。

5）水文地质条件描述。

a.河流、湖沼等地表水体的分布、动态及其与水文地质条件的关系。

b.井、泉的分布位置，所属含水层类型、水位、水质、水量、动态及开发利用情况。

c.区域含水层的类型、空间分布、富水性和地下水水化学特征及环境水的腐蚀性。

d.相对隔水层和透水层的岩性、透水性、厚度和空间分布。

e.地下水的流速、流向、补给、径流和排泄条件，地下水活动与环境的关系，如土地盐碱化等现象。

6）不良地质现象描述。

a.各种不良地质现象的分布、形态、规模、类型和发育程度。

b.分析它们的形成机制、影响因素和发展演化趋势。

c.预测其对工程建设的影响，提出进一步研究的重点及防治措施。

7）已有建筑物的调查。

a.选择不同地质环境中的不同类型和结构的建筑物，调查其有无变形、破坏的标志，并详细分析其原因，以判明建筑物对地质环境的适应性。

b.具体评价建筑场地的工程地质条件，对拟建建筑物可能的变形、破坏情况做出正确的预测，并提出相应的防治对策和措施。

c.在不良地质环境或特殊性岩土的建筑场地，应充分调查、了解当地的建筑经验，了解建筑结构、基础方案、地基处理和场地整治等方面的经验。

8）人类工程活动对场地稳定性影响的调查。

采矿和过量抽取地下水引起的地面塌陷，修建公路、铁路、深基坑开挖所引起的边坡失稳等，主要描述形成原因、规模大小、产生危害及防治措施。为方便野外调查，许多单位编制了调查内容的相关表格，使调查更加规范，同时提高调查效率。

关注点：在测绘工程中，最重要的是要把点与点、线与线之间所观察到的现象联系起来，克服只在孤立点上观察而不进行沿途的连续观察和不及时地对观察到的现象进行综合分析的偏向。同时还要将工程地质条件与拟进行的建筑工程的特点联系起来，以便能确切地预测岩土工程问题的性质和规模。测绘的同时还要采取部分岩土样品或水样。此外，还应在测绘过程中将实际材料和各种界线准确如实地反映到测绘手图上，并逐日清绘于室内底图上，及时进行资料整理和分析，才能及时发现问题和进行必要的补充观察以提高测绘质量。

三、成果整理

（一）资料整理

1.野外工作中的资料整理

（1）野外手图、实际材料图。

在每日野外工作结束后，调查小组要在一定比例尺的地形图手图上以直径为2 mm的小圆圈标定调查点，写上调查号，同时标绘相关的地质、水文地质和不良地质现象内容，着墨。每个调查图幅要提交一张完整的实际材料图，转点误差应小于0.5 mm。在其图边注明责任表（包括调查小组、转绘者、检查者）。

（2）调查记录卡。

当天工作完成回到驻地后，应对当天的记录卡对照图进行自我检查与完善，对数据及素描图等着墨，驻地搬迁前要完成互检。回到室内后，按图幅装订成册，加上统一印制的封面。

（3）野外原始资料检查。

为保证野外调查工作的质量，必须建立健全野外工作三级（调查小组、项目组和生产单位）质量检查制度和原始资料验收制度。

1）调查小组质量检查主要包括自检、互检，检查工作量为100%。自（互）检是调查小组的日常检查工作，应在当天野外工作结束后进行。检查内容包括：记录卡填写内容的完整性、准确性，记录卡与手图的一致性，GPS坐标读数与手图坐标、转点图坐标一致性等。发现问题及时更正，并填写调查小组日常自（互）检登记表。

2）项目组质量检查人员应对各调查小组进行工作质量检查。野外检查工作量应大于总工作量的5%。室内质量检查工作量应大于总工作量的20%。野外质量检查内容包括：调查点的合理性，调查工作的规范性，记录内容的真实性、正确性。

室内质量检查内容包括：手图与记录卡的一致性，记录卡填写内容的完整性，手图转绘的正确性。室内检查结果要填写原始资料检查登记表。对问题较多的调查小组需重点抽查。对出现的问题应及时做出补充或给出其他处理意见。

3）生产单位应组织质量检查组对野外和室内工作质量进行检查。野外检查工作量大于总工作量的0.5%~1%，室内检查工作量应大于总工作量的10%。其中包括对项目组检查内容不少于10%的抽查。

生产单位除工作过程中进行质量检查外，在野外工作结束前，要派质量检查组对野外工作进行全面质量检查，并对各级的质检工作以及全部原始资料进行评价和验收，写出验收文据。

2. 野外验收前的资料整理

野外验收前的资料整理，是在野外工作结束后，全面整理各项野外实际工作资料，检查核实其完备程度和质量，整理野外工作手图和编制各类综合分析图、表，编写调查工作小结。

（1）各种原始记录本、表格、卡片和统计表。

（2）实测的地质、地貌、水文地质、工程地质和勘探剖面图。

（3）各项原位测试、室内试验、鉴定分析资料和勘探试验资料。

（4）典型影像图、摄影和野外素描图。

（5）物探解释成果图、物探测井、井深曲线及推断解释地质柱状图及剖面图、物探各种曲线，测试成果数据、物探成果报告。

（6）各类图件，包括野外工程地质调查手图、地质略图、研究程度图、实际材料图、各类工程布置图、遥感图像解释地质图等。

3.最终成果资料整理

最终成果资料的整理是在野外验收后进行的。要求内容完备，综合性强，文、图、表齐全。

（1）对各种实际资料进行整理分类、统计和数学处理，综合分析各种工程地质条件、因素及其间的关系和变化规律。

（2）编制基础性、专门性图件和综合工程地质图。

（3）编写工程地质测绘调查报告。

关注点：资料整理中应重视素描图和照片的分析整理工作，有助于帮助分析问题。

（二）成果编制

1.工程地质测绘图件绘制

实际材料图主要反映测绘过程中的观测点、线的布置，测绘成果及测绘中的物探、勘探、取样、观测和地质剖面图的展布等内容。该图是绘制其他图件的基础图件。岩土体的工程地质分类图主要反映岩土体各工程地质单元的地层时代、岩性和主要的工程地质特征（包括结构和强度特征等），以及它们的分布和变化规律。该图还应附有工程地质综合柱状图或岩土体综合工程地质分类说明表、代表性的工程地质剖面图等。

工程地质分区图是在调查分析工作区工程地质条件的基础上，按工程地质特性的异同性进行分区评价的成果图件。工程地质分区的原则和级别要因地制宜，主要根据工作区的特点并考虑工作区经济发展规划的需要来确定。一级区域应依据对工作区工程地质条件起主导作用的因素来划分；二级区域应依据影响动力地质作用和环境工程地质问题的主要因素来划分；三级区域可根据对工作区主要岩土工程问题和环境工程地质问题的评价来划分；四级区域可根据岩土分层及岩土体的物理力学指标来划分。

综合工程地质图是全面反映工作区的工程地质条件、工程地质分区、工程地质评价的综合性图件。图面内容包括：岩土体的工程地质分类及其主要工程地质特征，地质构造（主要是断裂）、新构造（特别是现今活动的构造和断裂）和地震，地貌与外动力地质现象和主要地质灾害，人类活动引起的环境地质、岩土工程问题，水文地质要素，工程地质分区及其评价等。

该图由平面图、剖面图、岩土体综合工程地质柱状图、岩土体工程地质分类说明表和图例等组成，应尽可能增加工程地质分区说明表。

2. 工程地质测绘报告的编写

工程地质测绘报告是对测区的工程地质条件进行详细描述，并做出综合性评价，为工程建设选址提供地质依据。工程地质测绘报告的编写要求真实、客观、全面、简明扼要。工程地质测绘报告内容主要包括：①序言；②自然地理、地质概况（自然地理概况、地质概况、资源概况）；③区域工程地质条件（地形地貌、地质构造、地层岩性、水文地质条件、不良地质现象、人类工程活动、天然建筑材料与其他地质资源等）；④专门性环境工程地质问题（视情况定内容）；⑤工程地质分区（分区原则、分区评价与预测）；⑥结论与建议；⑦附图和附表。

第二节　岩土工程勘探

岩土工程勘探是在工程地质测绘的基础上，利用各种设备、工具直接或间接深入地下岩土层，查明地下岩土性质、结构构造、空间分布、地下水条件等内容的勘察工作，是探明深部地质情况的一种可靠的方法。

勘探和取样是岩土工程勘察的基本勘探手段，二者缺不可。其主要作用有：①检验测绘的可靠性和准确性；②查明建筑区或场地工程地质条件、发青的规律和空间分布特征；③获得各种岩土、水及其他测试样品；④配合勘探可进行各种测试工作和监测工作，如抽水、压水、注水和岩土原位测试。

根据岩土工程勘探按照先地表后地下的施工顺序，可分别采用不同的勘探方法，主要有地球物理勘探工程（简称物探工程）、坑探工程和钻探工程。物探工程是一种间接的勘探方法，它可以简便而迅速地探测地下地质情况，且具有立体透视性的优点。坑探工程和钻探工程是直接的勘察手段，能较可靠地了解地下地质情况。其中钻探工程是最重要的勘探工程，应重点掌握。

一、地球物理勘探

本任务以物探工程为例,介绍物探工程的分类、特点及作用,重点掌握电阻率法和地震波法在岩土工程勘察中的应用。

地球物理勘探是利用专门的仪器来探测各种地质体物理场的分布情况,并对其数据及绘制的曲线进行分析解释,从而划分地层、判定地质构造、水文地质条件及各种不良地质现象的勘探方法,又称为物探工程,常用在可行性研究阶段。

由于地质体具有不同的物理性质(导电性、弹性、磁性、密度、放射性等)和不同的物理状态(含水率、空隙性、固结状态等),它们为利用物探方法研究各种不同的地质体和地质现象的物理场提供了前提。通过量测这些物理场的分布和变化特征,结合已知的地质资料进行分析研究,就可以达到推断地质性状的目的。

物探工程具有速度快、设备轻便、效率高、成本低、地质界面连续等特点,但具有多解性。因此,在工程勘察中应与其他勘探工程(钻探和坑探)等直接方法结合使用。作为钻探的先行手段,可用于了解隐蔽的地质界线、界面或异常点(如基岩面、风化带、断层破碎带、岩溶洞穴等);作为钻探的辅助手段,在钻孔之间增加地球物理勘探点,为钻探成果的内插、外推提供依据;作为原位测试手段,可测定岩土体的波速、动弹性模量、动剪切模量、卓越周期、电阻率、放射性辐射参数、土对金属的腐蚀性等参数。

(一)工作准备

1.了解物探测试方法和适用范围,将有关仪器准备好

(1)物探测试方法及适用范围。

物探工程的种类很多,在岩土工程勘察中,运用最普遍的是电阻率法和地震折射波法。近年来,地质雷达和声波测井的运用效果较好。

(2)电阻率法在岩土工程勘察中的应用。

电阻率法是依靠人工建立直流电场,在地表测量某点垂直方向或水平方向的电阻率变化,从而推断地表下地质体性状的方法。各种测试仪常用来测定基岩埋深,探测隐伏断层、破碎带,探测地下洞穴,探测地下或水下隐埋物体。

在岩土工程勘察中主要用于:①确定不同的岩性,进行地层岩性的划分;②探查褶皱构造形态,寻找断层;③探查覆盖层厚度、基岩起伏及风化壳厚度;④探查含水层的分布情况、埋藏深度及厚度,寻找充水断层及主导充水裂缝方向;

⑤探查岩溶发育情况及滑坡体的分布范围；⑥寻找古河道的空间位置。

在使用电阻率法时应注意以下几点：①地形比较平缓，具有便于布置极距的一定范围；②被探查地质体的大小，形状、埋深和产状，必须在人工电场可控制的范围之内，且电阻率较稳定，与围岩背景值有较大异常；③场地内应有电性标准层存在；④场地内无不可排除的电磁干扰。

（3）地震折射波法在岩土工程勘察中的应用。

地震折射波法是通过人工激发的地震波在地壳内传播的特点来探查地质体的一种物探方法。在岩土工程勘察中运用最多的是高频（<200 Hz）地震波浅层折射法，可以研究深度在100 m以内的地质体。地震勘探仪器，一般都应具备三个基本部分，即地面振动传感器（地震检波器）、地震信号放大和数据变换（采集站）、中央记录系统（磁带机、记录显示设备）。

在岩土工程勘察中主要用于：①测定覆盖层的厚度，确定基岩的埋深和起伏变化；②追索断层破碎带和裂缝密集带；③研究岩石的弹性性质，测定岩石的动弹性模量和动泊松比；④划分岩体的风化带，测定风化壳厚度和新鲜基岩的起伏变化。

在使用地震折射波法时应注意以下几点：①地形起伏较小；②地质界面较平坦，断层破碎带少，且界面以上岩石较均一，无明显高阻层屏蔽；③界面上下或两侧地质体有较明显的波速差异。

2.熟知相关技术要求

（1）应用地球物理勘探方法时，应具备下列条件：①被探测对象与周围介质之间有明显的物理性质差异；②被探测对象具有一定的埋藏深度和规模，且地球物理异常有足够的强度；③能抑制干扰，区分有用信号和干扰信号；④在有代表性地段进行方法的有效性试验。

（2）地球物理勘探应根据探测对象的埋深、规模及其与周围介质的物性差异，选择有效的方法。

（3）地球物理勘探成果翻译时，应考虑其多解性，区分有用信息与干扰信号，需要时应采用多种方法探测，进行综合翻译，并应有已知物探参数或一定数量的钻孔验证。

（二）现场作业

1.测线布置及测地工作

（1）根据勘察区内地形地貌，按照设计要求进行布置，测线走向根据需要安排。

（2）用 GPS 进行测点定位。

（3）在测定工作时，应选定好坐标系。

2.野外数据采集

工程物探数据的野外采集是工程物探工作的关键，不同方法可采用不同设备来采集。

（三）资料整理及推断解释

（1）分离和压制妨碍分辨有效波的干扰波。

（2）工程物探资料的分析、解释成果还必须与钻探、原位测试、室内试验成果等进行对比、验证。

野外采集的有关数据需通过内业的分析、计算，解释成工程地质资料。以弹性波勘探方法为例，首要的任务是分离和压制妨碍分辨有效波的干扰波，保留能够解决某一特定工程地质问题的有效波。从理论上说，可以通过硬件和软件来实现，但实际上分离和压制是有限度的，而干扰波的存在是普遍的。只有具有丰富的实践经验，才能在众多的测试数据中识别出干扰波和有效波，去伪存真，得到真实的解释成果。其次由于物探方法的多解性，因此，在实际工作中只有通过对比、验证、积累经验，才能避免假判、误判，造成解释成果出现较大的偏差，促进分析、解释技术水平的提高。

二、坑探工程

本任务以坑探工程为例，介绍坑探工程的分类、特点及作用，重点掌握其在岩土工程勘察中的应用。

1.坑探工程

坑探工程也称掘进工程、井巷工程，它是用人工或机械的方法在地下开凿挖掘一定的空间，以便直接观察岩土层的天然状态及各地层之间的接触关系等地质结构，并能取出接近实际的原状结构的岩土样或进行现场原位测试。

其特点是：勘察人员能直接观察到地质结构，准确可靠，且便于素描，可不受限制地从中采取原状岩土样和进行大型原位测试，尤其对研究断层破碎带、软弱泥化夹层和滑动面（带）等的空间分布特点及其工程性质等，具有重要意义。

缺点是：应用时往往受到自然地质条件的限制，耗费资金大而勘探周期长，尤其是重型坑探工程不可轻易采用。

2.坑探工程的类型和适用条件

岩土工程勘探中常用的坑探工程有：探槽、试坑、浅井、竖井（斜井）、平明和石门（平巷），其中前三种为轻型坑探工程，后三种为重型坑探工程。

（一）工作准备

1.前期准备

了解勘探测试方法和适用范围不同坑探工程的特点和适用条件。

2.熟知相关技术要求

（1）当钻探方法难以准确查明地下情况时，可采用探井、探槽进行勘探。在坝址、地下工程、大型边坡等勘察中，当需详细查明深部岩层性质、构造特征时，可采用竖井。

（2）探井的深度不宜超过地下水位。竖井和平洞的深度、长度、断面按工程要求确定。

（3）对探井、探槽和探洞除文字描述记录外，还应以剖面图、展示图等反映井、槽、洞壁和底部的岩性、地层分界、构造特征、取样和原位试验位置，并辅以代表性部位的彩色照片。

（4）坑探工程的编录应紧随坑探工程掌子面，在坑探工程支护或支撑之前进行。编录时，应于现场做好编录记录和绘制完成编录展示草图。

（5）探井、探槽完工后可用原土回填，每30 cm分层夯实，夯实土干容重不小于15 kN/m³。有特殊要求时可采用低标号混凝土回填。

3.编制坑探工程设计书

（1）坑探工程的目的、型号和编号。

（2）坑探工程附近的地形、地质概况。

（3）掘进深度及其论证。

（4）施工条件：岩石及其硬度等级，掘进的难易程度，采用的掘进机械与掘进方法；地下水位，可能的涌水情况，应采取的排水措施；是否需要支护及支护材料、结构等。

（5）岩土工程要求：掘进过程中的编录要求及应解决的地质问题；对坑壁、底、顶板的掘进方法的要求；取样的地点、数量、规格和要求等；岩土试验的项目、组数、位置及掘进时应注意的问题；应提交的成果、资料及要求。

（6）施工组织、进度、经费及人员安排。

（二）现场观察与描述

（1）量测探井、探槽、竖井、斜井的断面形态尺寸和掘进深度。

（2）地层岩性的划分与描述：注意划分第四系堆积物的成因、岩性、时代、厚度及空间变化和相互接触关系；基岩的颜色、成分、结构构造、地层层序以及各层间接触关系，厚度及其泥化情况。地层岩性的描述同前面工程地质测绘。

（3）岩石的风化特征及其随深度的变化、风化壳分带。

（4）岩层产状要素及其变化，各种构造形态：注意断层破碎带及节理、裂隙的发育；断裂的产状、形态、力学性质；破碎带的宽度、物质成分及其性质；节理裂隙的组数、产状、穿切性、延展性、裂缝宽度、间距（频度）。有必要时做节理裂痕的素描图和统计测量。

（5）测量点、取样点、试验点的位置、编号及数据。

（6）水文地质情况：如地下水渗出点位置、涌水点及涌水量大小等。

（三）绘制坑道工程图

展视图是坑探工程编录的主要内容，也是坑探工程所需提交的主要成果资料。所谓展视图，就是沿坑探工程的壁、底面所编制的地表断面图，按一定的制图方法将三度空间的图形展开在平面上。由于它所表示的坑探工程成果一目了然，故在岩土工程勘探中被广泛应用。

不同类型坑探工程展视图的编制方法和表示内容有所不同，其比例尺应视坑探工程的规模、形状及地质条件的复杂程度而定，一般采用 1 : 25~1 : 100。

1. 探槽展示图

在绘制探槽展示图之前，应确定探槽中心线方向及其各段变化，测量水平延伸长度、槽底坡度，绘制四壁地质素描。绘制探槽展示图可用坡度展开法和平行展开法。其中平行展开法使用广泛，更适用于坡度直立的探槽。

2. 浅井和竖井展示图

浅井和竖井的展示图有四壁辐射展开法和四壁平行展开法。四壁平行展开法使用较多。

三、钻探工程

本任务以钻探工程为例，介绍钻探工程的分类、特点及作用，钻探工程是岩土工程勘察过程中重要的勘察手段，应重点掌握其施工工艺、钻探岩心编录。

（一）钻探的特点及作用

钻探是指用一定的设备、工具（钻机）来破碎地壳岩石或土层，从而在地壳中形成一个直径较小、深度较大的钻孔（直径相对较大者又称为钻井），可取岩心或不取岩心来了解地层深部地质情况的过程，是岩土工程勘察中应用最为广泛的一种可靠的勘探方法。

1. 特点

它可以在各种环境下进行，一般不受地形、地质条件的限制；能直接观察岩心和取样，勘探精度较高；能提供进行原位测试和监测工作，最大限度地发挥综合效益；勘探深度大，效率较高。但钻探工程耗费人力物力较多，平面资料连续性较差，钻进和取样有时技术难度较大。

2. 作用

随着勘察阶段的不同而不同，综合起来有如下几个方面。

（1）查明建筑场区的地层岩性、岩层厚度变化情况，查明软弱岩土层的性质、厚度、层数、产状和空间分布。

（2）了解基岩风化带的深度、厚度和分布情况。

（3）探明地层断裂带的位置、宽度和性质，查明裂隙发育程度及随深度变化的情况。

（4）查明地下含水层的层数、深度及其水文地质参数。

（5）利用钻孔进行灌浆、压水试验及土力学参数的原位测试。

（6）利用钻孔进行地下水位的长期观测，或对场地进行降水以保证场地岩土体的相关结构的稳定性（如基坑开挖时特殊要求降水或处理滑坡等地质问题）。

3. 特殊要求

（1）岩土层是岩土工程钻探的主要对象，应可靠地鉴定岩土层名称，准确判定分层深度，正确鉴别土层天然的结构、密度和湿度状态。

（2）岩心采取率要求较高。

（3）钻孔水文地质观测和水文地质试验是岩土工程钻探的重要内容，借以了解岩土的含水性，发现含水层并确定其水位和涌水量大小，掌握各含水层之间的水力联系，测定岩土的渗透系数等。

（4）在钻进过程中，为了研究土的工程性质，经常需要采取岩土样。

（二）钻探技术要求

（1）当需查明岩土的性质和分布，采取岩土试样或进行原位测试时，可采用钻探、井探、槽探、洞探和地球物理勘探等。勘探方法的选取应符合勘察目的和岩土的特性。

（2）布置勘探工作时应考虑勘探对工程自然环境的影响，防止对地下管线、地下工程和自然环境的破坏。钻孔、探井和探槽完工后应妥善回填。

（3）静力触探、动力触探作为勘探手段时，应与钻探等其他勘探方法配合使用。

（4）进行钻探、井探、槽深和研探时，应采取有效措施，确保施工安全。

（5）勘探浅部土层可采用的钻探方法有：①小口径麻花钻（或提土钻）钻进；②小口径勺形钻钻进；③洛阳铲钻进。

（6）钻探口径和钻具规格应符合现行国家标准的规定。成孔口径应满足取样、测试和钻进工艺的要求。

（7）钻探应符合下列规定：①钻进深度和岩土分层深度的量测精度，不应低于 ±5 cm。②应严格控制非连续取心钻进的回次进尺，使分层精度符合要求。③对鉴别地层天然湿度的钻孔，在地下水位以上应进行干钻，当必须加水或使用循环液时，应采用双层岩心管钻进。④岩心钻探的岩心采取率，对完整和较完整岩体不应低于 80%，较破碎和破碎岩体不应低于 65%；对需重点查明的部位（滑动带、软弱夹层等）应采用双层岩心管连续取心。⑤当需确定岩石质量指标 ROD 时，应采用 75 mm 口径双层岩心管和金刚石钻头。

（8）钻探现场编录柱状图应按钻进回次逐项填写，在每一回次中发现变层时应分行填写，不得将若干回次或若干层合并一行记录。现场记录不得普录转抄，误写之处可以划去，在旁边进行更正，不得在原处涂抹修改。

（9）钻孔完工后，可根据不同要求选用合适材料进行回填。邻近堤防的钻孔应采用干泥球回填，泥球直径以 2 cm 左右为宜。回填时应均匀投放，每回填 2 cm 进行一次捣实。对隔水有特殊要求时，可用 4：1 水泥、膨润土浆液通过泥浆泵由孔底逐渐向上灌注回填。

（三）工作准备

1.收集资料

收集资料包括建筑方提供的各种平面图（最好包括数字化电子版）、勘察技术要求等。勘察方还应收集场地区域地质资料、水文地质资料及周边建筑物情况等。

关注点：详勘时应搜集附有坐标和地形的建筑总平面图，建筑物的性质、规模、荷载、结构特点、基础形式、埋置深度、地基允许变形等资料。

2.编制勘察纲要

勘察纲要是工程勘察工作的基础文件，通过技术交底等形式贯穿于勘察工作全过程。为规范勘察行业行为，提高岩土工程勘察成果质量，满足工程设计需要，各类岩土工程勘察在编写设计之前，都应编写岩土工程勘察纲要或勘察大纲，纲要制定得正确与否对勘察评价的运行和实施具有重要的影响。因此，在编制纲要之前，对场地的工程地质条件和自然条件应有全面的掌握。

（1）编制要求。

应在充分搜集、分析已有资料和现场踏勘的基础上，依据勘察目的、任务和相应技术标准的要求，针对报建工程的特点（如区域地质、工程性质、岩土体特性、不良地质等）有针对性地编写勘察工作纲要及工作计划，目的是指导勘察工作，预计勘察工作量，申请勘察经费。

（2）编制内容：①工程概况；②概述拟建场地环境、工程地质条件；③勘察任务要求需解决的主要技术问题；④执行的技术标准；⑤选用的勘探方法；⑥勘探工作量布置；⑦勘探孔（槽、井、洞）回填；⑧拟采取的质量控制、安全保证和环境保护措施；⑨拟投入的仪器设备、人员安排、勘察进度计划等；⑩相关图表。

（3）勘探工作量布置。

勘探工作量的布置是勘察纲要中的重要内容之一，总的要求是以尽可能少的工作量取得尽可能多的地质资料。

勘探设计之前，应明确各项勘察工作执行的规范标准，除了应遵守国家的各项有关规范标准外，还应遵守地方及行业的有关规范标准，特别是国家的强制性规范标准，要必须予以执行，并应符合规范的具体要求。为此，进行勘探设计时，必须要熟悉勘探区已取得的地质资料，并明确有关规范标准及勘探的目的和任务。将每一个勘探工程都布置在关键地点，且发挥其综合效益。

勘探工作布置的一般原则有以下几点。

1）勘探工作应在工程地质测绘基础上进行。通过工程地质测绘，对地下地质情况有一定的判断后，才能明确通过勘探工作需要进一步解决哪些地质问题，以取得好的勘探效果；否则，由于不明确勘探目的，将有一定的盲目性。

2）无论是勘探的总体布置还是单个勘探点的设计，都要考虑综合利用。既要突出重点，又要照顾全面，点面结合，使各勘探点在总体布置的有机联系下发挥更大的效用。

3）勘探布置应与勘察阶段相适应。不同的勘察阶段，勘探的总体布置、勘探点的密度和深度、勘探手段、方法的选择及要求等，均有所不同。一般地说，从初期到后期的勘察阶段，勘探总体布置由线状到网状；范围由大到小；勘探点、线距离由稀到密；勘探深度由浅到深；勘探布置的依据，由以工程地质条件为主过渡到以建筑物的轮廓为主。初期勘察阶段的勘探手段以物探为主，配合少量钻探和轻型坑探工程，而后期勘察阶段则往往以钻探和重型坑探工程为主。

4）勘探布置应随建筑物的类型和规模而异。不同类型的建筑物，其总体轮廓、荷载作用的特点以及可能产生的岩土工程问题不同，勘探布置亦应有所区别。道路、隧道、管线等线型工程，多采用勘探线的形式，且沿线隔一定距离布置一条垂直于它的勘探剖面。房屋建筑与构筑物应按基础轮廓布置勘探工程，常呈方形、长方形、工字形或丁字形；具体布置勘探工程时又因不同的基础型式而异。桥基则采用由勘探线渐变为以单个桥墩进行布置，单个桥墩上则以中心处的单个钻孔渐变为梅花形型式。建筑物规模越大、越重要者，勘探点（线）的数量越多，密度越大。而同一建筑物的不同部位重要性有所差别，布置勘探工作时应分别对待。

5）勘探布置应考虑地质、地貌、水文地质等条件。一般勘探线应沿着地质条件等变化最大的方向相互垂直布置。勘探点的密度应视工程地质条件的复杂程度而定，而不是平均分布。为了对场地工程地质条件起到控制作用，还应布置一定数量的基准坑孔（控制性勘探坑孔），其深度较一般性坑孔要大些。

6）在勘探线、网中的各勘探点，应视具体条件选择不同的勘探手段，以便互相配合，取长补短，有机地联系起来。

关注点：总之，勘探工作一定要在测绘调查基础上布置。勘探布置主要取决于勘察阶段、建筑物类型和岩土工程勘察等级三个重要因素，还应充分发挥勘探工作的综合效益。为做好勘探工作，勘探人员应深入现场，并与设计、施工人员密切配合。在勘探过程中，应根据所了解的条件和问题的变化，及时修改原来的布置方案，以期圆满地完成勘探任务。

各类建筑勘探坑孔的间距，是根据勘察阶段和岩土工程勘察等级来确定的。不同的勘察阶段，其勘察的要求和岩土工程评价的内容不同，因而勘探坑孔的间距也各异。初期勘察阶段的主要任务是对选址和可行性进行研究，对拟选场址的稳定性和适宜性做出岩土工程评价，进行技术经济论证和方案比较，满足确定场地方案的要求。由于有若干个建筑场址的比较方案，勘察范围大，因此勘探坑孔稀少，其间距较大。当进入详勘阶段后，要对场地内建筑地段的稳定性做出岩土工程评价，确定建筑总平面布置，进而对地基基础设计、地基处理和不良地质现象的防治进行计算与评价，以满足施工设计的要求。此时勘察范围缩小而勘探坑孔增多，因而勘探坑孔间距较小。

不同的岩土工程勘察等级，表明了建筑物的规模和重要性以及场地工程地质条件的复杂程度。显然，在同一勘察阶段内，属甲级勘察等级者，因建筑物规模大而重要或场地工程地质复杂，勘探坑孔间距较小；而乙、丙级勘察等级的勘探坑孔间距相对较大。

关注点：各类建筑在不同勘察阶段和岩土工程勘察等级的勘探线、点间距，以指导勘探工程的布置。在实际工作中，据具体情况合理地确定勘探工程的间距，决不能机械照搬。

根据各工程勘察部门的实践经验，对岩土工程问题分析评价的需要以及具体建筑物的设计要求等，确定勘探坑孔的深度。勘探坑孔深度，是在各工程勘察部门长期生产实践的基础上确定的，有重要的指导意义。例如，对房屋建筑与构筑物明确规定了初勘和详勘阶段勘探坑孔深度，还就高层建筑采用不同基础型式时勘探孔深度的确定做出了规定。

分析评价不同的岩土工程问题，所需要的勘探深度是不同的。例如，为评价滑坡稳定性，勘探孔深度应超过该滑体最低的滑动面。为房屋建筑地基变形验算需要，勘探孔深度应超过地基有效压缩层范围，并考虑相邻基础的影响。

做勘探设计时，有些建筑物可依据其设计标高来确定坑孔深度。例如，地下洞室和管道工程，勘探坑孔应穿越洞底设计标高或管道埋设深度以下一定深度。此外，还可依据工程地质测绘或物探资料的推断确定勘探坑孔的深度。

关注点：在勘探坑孔施工过程中，应根据该坑孔的目的任务而决定是否终止，切不能机械地执行原设计的深度。例如，对确定岩石风化分带目的的坑孔，当遇到新鲜基岩时即可终止。为探查河床覆盖层厚度和下伏基岩面起伏的坑孔，当穿边覆盖层进入基岩内数米后才能终止，以免将大孤石误认为是基岩。

（4）勘察纲要的调整。

当场的情况变化大或设计方案变更等，拟定勘察工作不能满足要求时，应及时调整勘察纲要或编制补充勘察纲要，当合同、协议、招标文件有要求时，应满足约定的技术标准。勘察纲要及其变更应按质量管理程序审批，由相关责任人签署。

3. 确定勘探工程施工顺序

（1）遵循的原则。

科学合理布置勘探工程施工顺序是顺利完成勘察工作任务的关键。在一个勘察区内，如果勘探施工顺序安排不当，投入过多工作量，却不能获得预期效果，必将造成不必要的浪费。勘探工程的合理施工顺序，既能提高勘探效率，取得满意的成果，又节约勘探工作量。为此，勘探工程的施工顺序是完成勘探任务的一个重要前提，在勘探工程总体布置的基础上，须重视和研究勘探工程的施工顺序问题。

各种勘探工程的施工顺序，应遵循由已知到未知、先地面后地下、先浅后深、由稀而密的原则。

（2）确定第一批施工的勘探孔。

项建筑工程，尤其是场地地质条件复杂的重大工程，需要勘探解决的问题往往较多。由于勘探工程不可能同时全面施工，而必须分批进行。这就应根据所需查明问题的轻重主次，同时考虑到设备搬迁方便和季节变化，将勘探坑孔分为几批，按先后顺序施工。先施工的勘探坑孔，必须为后继勘探坑孔提供进一步地质分析所需的资料，后施工的勘探坑孔应为前期施工坑孔补充未查明的问题。所以在勘探过程中应及时整理资料，并利用这些资料指导和修改后继坑孔的设计和施工。因此选定第一批施工的勘探坑孔具有重要的意义。

第一批施工的钻孔：①对控制场地工程地质条件具有关键作用和对选择场地有决定意义的坑孔；②建筑物重要部位的坑孔；③为其他勘察工作提供条件，而施工周期又比较长的坑孔；④在主要勘探线上的控制性勘探坑孔；⑤考虑到洪水的威胁，应在枯水期尽量先施工水上或近水的坑孔。

4. 现场相关人员安排

现场相关人员安排主要包括：现场编录技术人员、报告编写人员和勘探施工机组人员及勘探设备的安排。现场技术人员、报告编写人员及报告审核人员应召开勘察前的技术交底会议，充分了解建筑方提出的勘察技术要求，切实做好各项准备工作，制定完善的勘察纲要。现场编录技术人员会后应将勘察纲要交给拟进场的勘探施工机组的机长，向他们详细讲明勘察纲要上的各项内容和具体的技术要求，使他们做到心中有数。勘探施工人员到单位后，勘探机长应按分工及时组织勘探施工人员做好相应的进场准备，同时应全面、透彻了解勘察纲要的各项内容，不明之处一定要在勘探施工前向现场技术人员了解清楚。

5. 领取勘探任务书

勘探任务书主要包括工程名称、建设单位、委托单位、勘察技术要求和拟建工程主要参数、提交的勘察资料等。在岩土工程勘探施工前，勘察技术人员应领取岩土工程勘察合同书、委托书、事先指示书等，明确勘察阶段线路、工作区域等，做到心里有数。在领取勘察任务书后方能开始勘察施工。由于区域差异，在勘察任务书表格设计上有所不同。

（四）钻探施工

1. 现场踏勘

（1）熟悉场地周围地形，认清钻机进入报建场地的路线。

（2）搜集或要求甲方提供附有坐标和地形的建筑总平面图，场区的地面整平标高（地势低洼的要进行回填抬高地面）。

（3）熟悉了解建筑物的工程性质，包括规模、荷载、结构特点、基础形式、埋深、允许变形等资料。对于在既有建筑物旁兴建新建筑物的邻（扩）建工程以及建筑物增层改造的工程，应查明既有建筑物的性质，如结构特点、基础类型、基础埋深（要特别强调指出是现地坪以下深度还是设计+0.00以下深度）、基础下垫层的材料、厚度、已使用年限、使用状况（良好、有裂缝或曾进行过加固）等。

（4）场地位于坡地上时，应查明天然坡度，有无临空面，满足评价其稳定性的要求；场地位于河道、水沟附近时，应查明其走向、宽度、深度、坡度，与拟建物的距离，满足稳定性评价的要求；场地内有防空洞时，应查明其分布、深度等；场地内局部分布沟坑时，应查明其填垫历史；场地内有待拆除旧建筑物时，应查明旧基础类型、垫层处理情况、基础埋深、范围等。

（5）查明场地内地上电线、通信系统、采暖系统，地下电缆、煤气管线、上下水管线等，对地下电缆等分布状况由甲方签字确认。

（6）场地震害的调查，有无喷水冒砂现象发生，软土地区、古河道边缘的应包括震陷、地裂等。

（7）水准点的位置、性质、高程（包括观测成果的年代），应由甲方签字确认。一般应提供绝对高程，严格禁止采用假设高程；场地附近无绝对高程、甲方亦不能提供的，经甲方签字确认后可采用假设高程（仅限于三级工程），但位置应注意选择具有永久性的、其高度不会变动的地点；对于采用住宅楼、办公楼处的点，应以其室内地坪为宜。

（8）人工填土必须查明填垫年限。

（9）查阅拟建场地周围已有地质资料，为方案编写提供基本依据。

（10）设计符合满足工程勘察要求的任务书。

2. 钻孔定位

（1）按建筑总平面图上的地形确定钻孔位置。

1）场地周围参照系明显的直接按参照系确定孔位。

2）孔位受地形条件限制而移位时，将移位后的实际施工的孔位真实地反映在地形图（平面图）上。

3）严禁将移位后施工的孔位标注在方案设计孔位处。

（2）勘探点位要求。

1）初步勘察阶段平面位置允许偏差 0.50 m，高程允许偏差 8 cm；详细勘察阶段平面位置允许偏差 0.25 m，高程允许偏差 5 cm。

2）勘探点位应设置有编号的标志桩号，开钻之前应按设计要求核对桩号及其实地位置，两者必须符合。

3）因障碍改变点位时，应将实际勘探位置标注在平面图上，并注明与原设计孔位的偏差距离、方位和地面高差。

（3）水准测量。

1）一般工程，场地附近无大沽（绝对）高程，引测相对高程时必须经甲方认定，其位置应具有永久性、标志性。

2）重点工程和各开发区必须引测大沽（绝对）高程。

3）若现场水准点未落实，应先引测一点（永久性），对每个钻孔进行孔口高程测量，待水准点落实后再对引测点进行高程测量。

4）测量结果必须经核实确认无误后方可使用。

5）在场地范围内最少设 2 个测站，并应进行闭合。

6）必须采用标准记录纸，起测水准点编号位置及高程必须详细准确标明，记录修改只能划改，保留原迹，不准涂擦。

3. 钻机进场

钻机是在地质勘探中，带动钻向地下钻进，获取实物地质资料的机械设备，又称钻探机。其主要作用是带动钻具破碎孔底岩石，下入或提出在孔内的钻具。可用于钻取岩心、矿心、岩屑、气态样、液态样等，以探明地下地质和矿产资源等情况。

不同钻机有不同型号，如 XY-1（100）表示的是立轴式钻机系列，勘探深度为 100 m。

钻孔定位后，钻机开进拟建场地，按钻孔定位位置安装好，并竖起钻塔挂好主动钻杆，清理立轴，并安装主动钻杆。

主动钻杆，又称机上钻杆。钻杆柱由主动钻杆、钻杆、接手（接头）组成。主动钻杆位于钻杆柱的最上部，上端连接水龙头，以便向孔内输送冲洗液。主动钻杆的断面形状有：圆形、两方、四方、六方和双键槽形，便于卡盘夹持回转。

主动钻杆的长度，一般是 3.0~6.0 m，直径常用 42 mm 和 50 mm，钻杆用于传动回转、输送冲洗液、带动钻头向下钻进或连接取样器采取岩土样品或进行原位测试等。接手（接头）用于钻杆之间的连接。

4. 钻探施工

（1）开孔。

钻头或麻花钻开孔，常用钻头开口，开口直径一般比钻孔直径大一级，如钻孔直径为 91 mm，则开口直径为 110 mm，取土钻孔的孔径一般采用 150 mm 钻头开孔，下护孔套管（ϕ146 mm，长度视杂填土厚度）后，用 ϕ110 mm 的取土器取土。麻花钻开口主要用于软土地区。

（2）钻进。

采用人力或机械力（绝大多数情况下采用机械钻进），以冲击力、剪切力或研磨形式使小部分岩土脱离母体而成为粉末、小的岩土块或岩土心的现象，可采用全面钻进或取心钻进。采取岩土心或排除破碎岩土，必要时要用套管、泥浆或化学材料加固孔壁。

套管又称钢管、岩心管，用于保护支撑孔壁产生变形或坍塌。为了降低生产成本，应尽量少下或不下套管，有下列情况之一者必须下套管。

1）下孔口管，以保护孔口处岩土层不被冲坏，并将冲洗液导向循环槽，孔口管的另一个重要作用是导正钻孔方向。

2）加固用泥浆护壁仍不稳定的地层。

3）隔离漏水层与涌水层。

4）当设备负荷能力不足或处理孔内异常需要缩小一级孔径，而上覆地层又有坍塌、掉块、缩径危险时。

套管柱的连接方法主要有三种：①直接连接；②接头连接；③接箍连接。

5. 采取岩土试样

采取岩土试样是岩土工程勘察中必不可少的、经常性的工作，通过采取土样，进行土类鉴别，测定岩土的物理力学性质指标，为定量评价岩土工程问题提供技术指标。

取样之前，应考虑试样的代表性，从取样角度来讲，应考虑取样的位置、数量和技术方法，考虑到取样的成本和勘察设计要求，必须采用合适的取样技术。

（1）判别土试样质量。

根据试验目的分为Ⅰ、Ⅱ、Ⅲ、Ⅳ级。

（2）选择取样方法。

从取样方法来看，主要有两种方法：一种是从探井、探槽中直接刻取样品；另一种是用钻孔取土器从钻孔中采取。目前各种岩土样品的采取主要是采用第二种方法，即用钻孔取土器采样的方法。

钻孔中常用的取样方法有如下几种。

1）击入法：击入法是用人力或机械力操纵落锤，将取土器击入土中的取土方法。按锤击次数分为轻锤多击法和重锤少击法，按锤击位置又分为上击法和下击法。经过取样试验比较认为：就取样质量而言，重锤少击法优于轻锤多击法，下击法优于上击法。

2）压入法，包括慢速压入法和快速压入法。慢速压入法是用杠杆、千斤顶、钻机手把等加压，取土器进入土层的过程是不连续的。在取样过程中对土试样有一定程度的扰动。

快速压入法是将取土器快速、均匀地压入土中，采用这种方法对土试样的扰动程度最小。目前普遍使用以下两种：一种是活塞油压筒法，采用比取土器稍长的活塞压筒通以高压，强迫取土器以等速压入土中；另一种是钢绳、滑车组法，借机械力量通过钢绳、滑车装置将取土器压入土中。

3）回转法：此法系使用回转式取土器取样，取样时内管压入取样，外管回转削切的废土一般用机械钻机通过冲洗液带出孔口。这种方法可减少取样时对土试样的扰动，从而提高取样质量。

（3）安装取土器。

安装取土器，准备采取土样。对取土器取样要求：取土过程中不掉样；尽可能使土样不受或少受扰动；能够顺利切入土层中，结构简单且使用方便；对于不同土试样，可采取不同类型取土器，取土器是影响土样质量的重要因素。由于不同的取样方法和取样工具对土样的扰动程度不同，因此对于不同等级土试样适用的取样方法和工具做了具体规定。

（4）钻孔现场取样。

1）钻进要求：钻进时应力求不扰动或少扰动预计至取样处的土层，为此应做到以下几点。

a.使用合适的钻具与钻进方法。一般应采用较平稳的回转式钻进。若采用冲击、振动、水冲等方式钻进，应在预计取样位置1 m以上改用回转钻进。在地下水位以上一般应采用干钻方式。

b.在软土、砂土中宜用泥浆护壁。若使用套管护壁，应注意旋入套管时管壁对土层的扰动，且套管底部应限制在预计取样深度以上大于3倍孔径的距离。

c.应注意保持钻孔内的水头等于或稍高于地下水位，以避免产生孔底管涌，在饱和粉、细砂土中尤应注意。

2）取样要求：在钻孔中采取Ⅰ～Ⅱ级砂样时，可采用原状取砂器，并按相应的现行标准执行。在钻孔中采取Ⅰ～Ⅱ级土试样时，应满足下列要求。

a.在软土、砂土中宜采用泥浆护壁。如使用套管，应保持管内水位等于或稍高于地下水位，取样位置应低于套管底3倍孔径的距离。

b.采用冲洗、冲击、振动等方式钻进时，应在预计取样位置1 m以上改用回转钻进。

c.下放取土器前应仔细清孔，清除扰动土，孔底残留浮土厚度不应大于取土器废土段长度（活塞取土器除外）。

d.采取土试样宜用快速静力连续压入法。

e.具体操作方法应按现行标准执行。

3）土试样数量要求：土样的采样数量应满足要求进行的试验项目和试验方法的需要。

4）岩石试样的采取要求：岩石试样可利用钻探岩心制作或在探井、探槽、竖井和平洞中刻取。采取的毛样尺寸应满足试块加工的要求。在特殊情况下，试样形状、尺寸和方向由岩体力学试验设计确定。

（5）土试样现场检验、封装、贮存、运输。

取土器提出地面之后，应小心地将土样连同容器（衬管）卸下，并及时交给土样工，由其打开取样器，取出土样，并清除土样表面泥浆。

1）土样检验：对钻孔中采取的Ⅰ级原状土样试验，应在现场测定取样回收率，应检查尺寸量测是否有误，土样是否受压，根据情况决定土样废弃或降低级别使用。

2）土样密封：将土样上下两端各去掉 20 mm，加上一块与土样面积相当的不透水圆片，再浇灌蜡液，至与容器端齐平，待蜡液凝固后扣上胶皮或塑料保护帽；用配合适当的盒盖将两端盖严后，将所有接缝用纱布条蜡封或用胶带封口；每个土样蜡封后均应贴标签，标签上下应与土样上下一致，并牢固地粘贴于容器外壁，土样标签应记载下列内容：工程名称、工号、孔号、土样号，取样深度、取样日期等；土样标签记录内容应与现场钻探记录相符，取样的取土器型号、贯入方法、锤击时击数、回收率等应在现场记录中详细记载。

3）土样贮存：土样密封后应置于温度及湿度变化小的环境中，避免暴晒、冰冻；土样采取之后到土样试验之前的贮存时间，不宜超过 2 周。

4）土样运输：应采用专用土样箱包装，土样之间用柔软缓冲材料填实。对易于振动液化、水分离析的土样，不宜长途运输，应在现场就近进行室内试验。

（6）探井、探槽取样要求。

探井、探槽中采取原状试样可采用两种方式，一种是锤击敞口取土器取样，另一种是人工刻切块状土样。后一种方法使用较多，因为块状土试样的质量高。

人工采用块状土试样一般应注意以下几点。

1）避免对取样土层的人为扰动破坏，开挖至接近预计取样深度时，应留下 20~30 cm 厚的保护层，待取样时再细心铲除。

2）防止地面水渗入，井底水应及时抽走，以免浸泡。

3）防止暴晒导致水分蒸发，坑底暴露时间不能太长，否则会风干。

4）尽量缩短切削土样的时间，及早封装。

块状土试样可以切成圆柱状和方块状。也可以在探井、探槽中采取"盒状土样"，这种方法是将装配式的方形土样容器放在预计取样位置，边修切，边压入，从而取得高质量的土试样。

6.地下水位观测及采取水样

（1）地下水位观测。

主要观测初见水位和静止水位，在观测水位时注意钻孔护壁。

1）钻进中遇到地下水时，应停钻量测初见水位，为测得单个含水层的静止水位，对砂粪土停钻时间不少于 30 min，对粉土不少于 1 h，对黏性土层不少于 24 h，并应在钻孔全部结束后，同一天内量测各孔的静止水位，水位量测可使用测水钟或电测水位计，水位允许误差为 ±1.0 cm。

2）钻孔深度范围内有两个以上含水层，且钻探任务书要求分层量测水位时，在钻穿第一含水层并进行静止水位观测之后，应采用套管隔水，抽干孔内存水，变径钻进，再对下一个含水层进行水位观测。

3）因采用泥浆护壁影响地下水位观测时，可在场地范围内另外布置若干专用的地下水位观测孔，这些孔可改用套管护壁。

（2）地下水样采取。

1）水样应在静止水位以下超过 0.50 m 处采集，必要时应分层采集不同深度的水样，并应防止所采水样受到地表水和钻探用水的影响。

2）水试样应能代表天然条件下的客观水质情况；采集钻孔、观测孔、民井和观测井、探井（坑）中进来的新鲜水。泉水应在泉口处取样。

3）取水容器一般为塑料瓶或带磨口玻璃塞的玻璃瓶。且取样前必须用蒸馏水清洗干净。取样时先用所取的水冲洗瓶塞和容器三次，然后将样缓慢注入容器。且其顶部应留出 10~20 mm 空间。瓶口应采用石蜡封口，并做好采样记录，贴好水试样标签，填写送样清单，尽快送试验室进行检验。

4）取不稳定成分的水试样时，如当水中含有游离 CO_2 时，应及时加入稳定剂，并严防杂物混入。

5）水试样送检过程中，应采取防冻及防爆晒措施，且存放期限不得超过水试样最大保存期限。清洁水放置时间不宜超过 72 h，稍受污染的水不宜超过 48 h，受污染的水不宜超过 12 h。

6）水试样采集数量：简分析一般取水量为 500~100 mL，全分析为 2000~3000 mL。为评价场地地下水对混凝土、钢结构的腐蚀性，应在同一场地至少采集 3 件水样进行试验分析。对沿海地带和受污染的场地，应于不同地段采集具有代表性的足够件数的水试样。

7. 现场试验

（1）圆锥动力触探。

轻型动力触探 No：适用于浅部的填土、砂土、粉土、黏性土。

重型动力触探 Na.s：适用于砂土、中密以下的碎石土、极软岩。

超重型动力触探 Na：适用于密实和很密的碎石土、软岩、极软岩。

（2）标准贯入试验主要用于砂土、粉土和一般黏性土。

（3）抽水试验必要时应进行抽水试验，用于测定岩土的水文地质参数。

8. 钻探岩心编录

（1）编录要求。

钻孔地质编录工作是岩土工程中最基本的工作，从钻孔中取出的岩土试样，通常按每一回次摆放在岩心箱或 PVC 管中，应及时对岩心进行分层和编录。在钻进过程中必须认真、细致地做好钻孔地质编录工作，全面、准确地反映钻探工程的第一手地质资料。

1）野外记录应由经过专门训练的人员承担；记录应真实、及时，按钻进回次逐段填写，严禁事后追记。

2）钻探现场可采用肉眼鉴别和手触的方法，有条件或勘察工作有明确要求时，可采用微型贯入仪等定量化、标准化的方法。

3）钻探成果可用野外钻孔柱状图或分层记录表示。岩土心样可根据工程要求保存一定时限或长期保存，亦可拍摄岩心彩照纳入勘察成果资料。

（2）编录内容。

1）岩土的特征及描述。

岩土的特征包括地层名称、颜色、分层深度、岩土性质等。对不同类型岩土，岩性描述侧重点不同。岩土的定名应符合现行岩土工程分类标准的规定，描述术语和记录符号均应符合有关规定，鉴定描述以目测、手触方法为主，可辅以部分标准化、定量化的方法或仪器。

①黏性土应描述颜色、状态、包含物、光泽反应、摇震反应、干强度、韧性、土层结构等。

颜色：描述时应主色在后，辅色在前。

状态：坚硬、硬塑、可塑、软塑、流塑。

含有物：贝壳、铁锰质结核、砾石、砂、高岭土。

光泽反应：用取土刀切开土块，视其光滑程度可分为切面粗糙（无光泽），切面略粗糙（稍有光泽）和切面光滑（有光泽）。

摇震反应：取少量土搓成小球在手掌中摇晃，视其渗水程度。无水溢出（低）、少量水溢出（较高）、大量水溢出（高）。

干强度：将一小块捏成小土团，风干后用手捏碎，根据用力的大小分为高、中、低三级。

韧性：将土块在手中揉捏均匀，然后在掌中搓成 3 mm 的土条，再揉成团，根据再次搓条的可能性分为：能捏成团，再搓成条且捏不碎（韧性高）；可捏成团且捏不碎（韧性中等）；勉强或不能捏成团（韧性低）。

土层结构：互层、夹层、薄层、网纹状、似网纹状。

②粉土应描述颜色、包含物（贝壳、铁锰质结核、砾石、砂、高岭土）、湿度（稍湿、很湿、饱和）、密实度、摇震反应、光泽反应、干强度、韧性等。

③砂土应描述颜色、矿物组成（石英、长石、云母等）、颗粒级配（良好、不良）、颗粒形状（圆状、次圆状、次棱角状、棱角状）、黏粒含量（微含、稍含、含）、湿度、密实度（松散、稍密、中密、密实）等。

砂土的密实度可根据标准贯入试验锤击数 N 划分为密实、中密、稍密和松散。

④碎石土应描述颗粒级配、颗粒形状、颗粒排列、母岩成分、风化程度、充填物的性质和充填程度、密实度等。

⑤砾石层应描述颜色、密度、粒径、砾石主要矿物成分、磨圆度、级配、硬度。

⑥岩石的描述应包括地质年代、地质名称、风化程度、颜色、主要矿物、结构、构造和岩石质量指标 RQD。对沉积岩应着重描述沉积物的颗粒大小、形状、胶结物成分和胶结程度，对岩浆岩和变质岩应着重描述矿物结晶大小和结晶程度。

⑦特殊性土除应描述上述相应土类规定的内容外，还应描述其特殊成分和特殊性质；对填土需描述物质成分、堆积年代、密实度和厚度的均匀程度等。

⑧对具有互层、夹层、夹薄层特征的土，应描述各层的厚度和层理特征。

⑨必要时，可用目力鉴别描述土的光泽反应、摇振反应、干强度和韧性。

2）简易水文地质描述。

①记录冲洗液消耗量的变化。

②发现地下水后，应停钻测定其初见水位及稳定水位。

③如系多层含水层需分层测定水位时，应检查分层止水情况，分层采取水样测定水温。

④准确记录各含水层顶、底板标高及其厚度。

3）钻进过程描述。

①使用钻进方法，钻具名称、规格、护壁方式等。

②钻进难易程度，进尺速度，操作手感，钻进参数的变化情况。

③孔内情况，应注意缩径、回淤，地下水位或循环液位及其变化等。

④取样及原位测试的编号、深度位置、取样工具名称规格、原位测试类型及其结果。

第三节 岩土工程原位测试

一、岩土工程原位测试

岩土工程原位测试是指在岩土工程勘查现场，在不扰动或基本不扰动岩土层的情况下对岩土层进行测试，以获得所测的岩土层的物理力学性质指标及划分土层的一种现场勘测技术。主要手段包括载荷试验、静力触探试验、动力触探试验等。原位测试的目的在于获得有代表性的、反映现场实际的基本工程设计参数，包括岩土原位初始应力状态和应力历史、岩土力学指标、岩土工程参数等，在工程上有重要意义和广泛的应用。

优点：可在拟建工程场地进行测试，无须取样，避免了因取样带来的一系列问题；原位测试所涉及的岩土尺寸比室内试验样品要大得多，因而更能反映岩土的宏观结构（如裂隙等）对岩土性质的影响。所提供的岩土物理力学性质指标更具有代表性和可靠性。此外，具有快速、经济、可连续性等优点。

原位测试工作主要是获取岩土参数，提供给设计使用。应用原位测试方法时，应根据岩土条件、设计对参数的要求、地区经验和测试方法的适用性等因素选用，原位测试的仪器设备应定期检验和标定。分析原位测试成果资料时，应注意仪器设备、试验条件、试验方法等对试验的影响，结合地层条件，剔除异常数据。根据原位测试成果，利用地区性经验估算岩土工程特性参数和对岩土工程问题做出评价时，应与室内试验和工程反算参数进行对比，检验其可靠性。

二、原位测试的分类及适用范围

岩土工程原位测试是岩土工程勘察中不可缺少的一种勘察手段，为避免测试的盲目性，提高测试的应用效果，要熟练掌握岩土工程原位测试方法、适用条件、测试设备的机理、成果的应用。

（一）载荷试验

载荷试验是在保持地基土的天然状态下，在一定面积的刚性承压板上向地基土逐级施加荷载，并观测每级荷载下地基土的变形。它是测定地基土的压力与变形特性的一种原位测试方法。测试所反映的是承压板下 1.5~2.0 倍承压板直径或宽度范围内，地基土强度，变形的综合性状。

载荷试验按试验深度分为浅层（适用于浅层地基土）和深层（适用于深层地基土和大直径的桩端土）；按承压板形状分为圆形、方形和螺旋板（适用于深层地基土或地下水位以下的地基土）；按载荷性质分为静力和动力载荷试验；按用途可分为一般载荷试验和桩载荷试验。深层平板载荷试验的试验深度不应小于 5 m。载荷试验可适用于各种地基土，特别适用于各种填土及含碎石的土。

（二）试验设备

载荷试验设备主要由承压板、加荷装置、沉降观测装置组成。

1. 承压板

（1）厚钢板，形状为圆形或方形，面积为 0.1~0.5 m²。

（2）作用：将荷载传递到地基土上。

2. 加荷装置

加荷装置有载荷台式和千斤顶式两种。

载荷台式为木质或铁质载荷台架，在载荷台上放置重物如钢块、铅块或混凝土试块、沙包等重物；千斤顶式为油压千斤顶加荷，用地锚提供反力。采用油压千斤顶必须注意两点：一是油压千斤顶的行程必须满足地基沉降要求；二是人工地锚的反力必须大于最大荷载，以免地锚上拔。由于载荷试验加荷较大，因此加荷装置必须牢固可靠、安全稳定，

3. 沉降观测装置

可用百分表、沉降传感器或水准仪等。

（三）地基土载荷试验

1. 工作准备

（1）布置试验点。

①载荷试验应布置在有代表性的地点，每个场地不宜少于 3 个；②当场地内岩土体不均时，应适当增加；③浅层平板载荷试验应布置在基础底面标高处。

（2）选择承压板面积。

①通常采用圆形刚性承压板，根据土的软硬或岩体裂隙密度选用合适的尺寸；②一般采用 0.25~0.5 m。关注点：土的浅层平板载荷试验承压板面积不应小于 0.25

m²，对均质、密实的土（如老堆积土、砂土）可采用 0.1 m²，对新近堆填土、软土和粒径较大的填土不应小于 0.5 m²；土的深层平板载荷试验承压板面积宜选用 0.5 m²；岩石载荷试验承压板的面积不宜小于 0.07 m²。

（3）开挖试坑宽度。

浅层平板载荷试验试坑宽度或直径不应小于承压板宽度或直径的 3 倍。

深层平板载荷试验试井直径应等于承压板直径；当试井直径大于承压板直径时，紧靠承压板周围土的高度不应小于承压板直径。但为了某种特殊目的，也可进行嵌入式载荷试验，即试坑宽度稍大于承压板宽度（每边宽出 2 cm）。

（4）保持试验湿度和结构。

试坑或试井底的岩土应避免扰动，保持其原状结构和天然湿度。

（5）保护承压板。

承压板与土层接触处应铺设不超过 20 mm 的中砂垫层找平，以保证承压板水平并与土层均匀接触。对软塑、流塑状态的黏性土或饱和的松散砂，承压板周围应铺设 20~30 cm 厚的原土作为保护层。

（6）降低水位。

当试验标高低于地下水位时，为使试验顺利进行，应先将水位降至试验标高以下，并在试坑底部铺设一层厚 8 cm 左右的中、粗砂，安装设备，待水位恢复后再尽快安装加荷试验设备。

2. 现场试验

（1）确定加荷等级。

荷载按等量分级施加，加荷等级宜取 10~12 级，并不应少于 8 级，预估极限荷载的 1/10~1/8。

（2）现场观测沉降。

相对稳定法每加一级按 5 min、5 min、10 min、10 min、10 min、15 min、15 min 计算，以后每隔 30 min 观测一次沉降，直到当连读两小时每小时的沉降量不大于 0.1 mm 为止，施加下一级荷载；当试验对象是岩体时，间隔 1 min，2 min，2 min，5 min 测读一次沉降，以后每隔 10 min 测读一次，当连续三次读数差小于等于 0.01 mm 时，可认为沉降已达相对稳定标准，施加下一级荷载。快速法自加荷操作历时的二分之一开始，每隔 15 min 观测一次，每级荷载保持 2 h。

（3）终止试验标准。

当出现下列情况之一时，可终止试验。

1）承压板周边的土出现明显侧向挤出，周边岩土出现明显隆起或径向裂缝持续发展。

2）本级荷载的沉降量大于前级荷载沉降量的 5 倍，荷载与沉降曲线出现明显能降。

3）在某级荷载下 24 h 沉降速率不能达到相对稳定标准。

4）总沉降量与承压板直径（或宽度）之比超过 0.06。

（4）回弹观测。

分级卸荷，观测回弹值。分级卸荷量为分级加荷增量的 2 倍，15 min 观测一次，1 h 后再卸一级荷载，荷载完全卸除后，应继续观测 3 h。

（四）桩基载荷试验

桩基载荷试验的目的是采用接近于竖向抗压桩的实际工作条件的试验方法确定单桩竖向抗压极限承载力，对工程桩的承载力进行抽样检验和评价。

1. 工作准备

（1）制作桩帽。

桩帽混凝土强度应比桩身混凝土强度大一级，原桩头进入桩帽 200 mm，钢筋平均分配在桩中，D 为桩身直径。

（2）安排检测时间。

孔桩浇灌完，混凝土龄期达到 28 d 后，开始试验。

（3）开挖基槽。

1）三根试验桩相互之间桩中心的间距在 10 m 以上。

2）每根试验桩桩顶面标高 1.2 m 范围内，平面内四个方向距桩中心 10 m 范围内的砂卵石层不要开挖，以便进行试验。

3）距桩中心前后方向开挖宽为 2.0 m 的基槽以摆放主梁。

4）具体砂卵石层预留及基槽开挖。

（4）安装设备仪器。

安装油压千斤顶试验加载宜采用油压千斤顶。当采用两台及两台以上千斤顶加载时应并联同步工作，且应符合下列规定：采用的千斤顶型号、规格应相同；千斤顶的合力中心应与桩轴线重合。

安装加载反力装置可根据现场条件选择错桩横梁反力装置、压重平台反力装置、锚桩压重联合反力装置、地锚反力装置，并应符合下列规定：加载反力装置能提供的反力不得小于最大加载量的 1.2 倍；应对加载反力装置的全部构件进行强度和变形验算；应对锚桩抗拔力（地基土、抗拔钢筋、桩的接头）进行验算，采用工程桩做锚桩时，锚桩数量不应少于 4 根，并应监测锚桩上拔量；压重宜在检测前一次加足，并均匀稳固地放置于平台上；压重施加于地基的压应力不宜大于地基承载力特征值的 1.5 倍，有条件时宜利用工程桩作为堆载支点。

安装荷载测量用放置在千斤顶上的荷重传感器直接测定；或采用并联于千斤顶油路的压力表或压力传感器测定油压，根据千斤顶率定曲线换算荷载。传感器的测量误差不应大于 1%，压力表精度应优于或等于 0.4 级。试验用压力表、油泵、油管在最大加载时的压力不应超过规定工作压力的 80%。

安装沉降测量宜采用位移传感器或大量程百分表，并应符合下列规定：测量误差不大于 0.1%，分辨力优于或等于 0.01 mm；直径或边宽大于 500 mm 的桩，应在其两个方向对称安置 4 个位移测试仪表，直径或边宽小于等于 500 mm 的桩可对称安置 2 个位移测试仪表；沉降测定平面宜在桩顶 200 mm 以下位置，测点应牢固地固定于桩身；基准梁应具有一定的刚度，梁的一端应固定在基准桩上，另一端应简支于基准桩上；固定和支撑位移计（百分表）的夹具及基准梁应避免气温、振动及其他外界因素的影响。

2. 现场检测

（1）熟知技术要求。

试桩的成桩工艺和质量控制标准应与工程桩一致；桩顶部宜高出试坑底面，试坑底面宜与桩承台底标高一致；对作为锚桩用的灌注桩和有接头的混凝土预制桩，检测前宜对其桩身完整性进行检测。

（2）逐级加载。

加荷分级按预估的最大承载力分 10 级，按预估最大承载力的 1/10 进行逐级等量加载，第一级取两倍的级差进行加载。

（3）观测沉降。

每级荷载施加后按第 5 min、10 min、15 min、30 min、60 min 测读一次试桩沉降量，以后每隔 30 min 测读一次，直至桩身沉降达到相对稳定标准，然后进行下一级加载。

（4）加下一级荷载。

在每级荷载作用下，试桩 1 h 内的变形量不大于 0.1 mm，且连续出现两次（从分级荷载施加后第 30 min 开始，按 1.5 h 连续三次每 30 min 的沉降观测值计算），认为已达到稳定标准，可以加下一级荷载。

（5）终止加载。

当出现下列情况之一时，可终止加载试验。试桩在某级荷载作用下的沉降量大于或等于前一级荷载沉降量的5倍时，停止加载；试桩在某级荷载作用下的沉降量大于前一级荷载的2倍，且经24 h尚未稳定；桩周土出现破坏状态或已达到桩身材料的极限强度；当荷载沉降曲线呈缓变形时应按总沉降量控制，可根据具体要求控制至100mm以上；达到锚桩最大抗拔力或压重平台的最大重量。

（6）卸载与卸载沉降观测。

分级卸载，每级卸载量为每级加载量的2倍。每级荷载测读1 h，按15 min、30 min、60 min测读三次，卸载至零后，维持3h再测读一次稳定的残余沉降量。

三、静力触探试验

静力触探试验是用静力将探头以一定的速率压入土中，利用探头内的力传感器，通过电子量测仪器将探头受到地灌入阻力记录下来的一种原位测试方法。

（一）工作准备

1. 率定探头

求出地层阻力和仪表读数之间的关系，得到探头率定系数，一般在室内进行。新探头或使用一个月后的探头都应及时运行率定。

目前国内用的探头有三种：单桥探头（测定比贯入阻力 p）、双桥探头（测定锥头阻力和侧壁摩阻力）和三桥探头（测定锥头阻力、侧壁摩阻力和孔隙水压力）。可根据实际情况选择。

2. 平整场地、固定主机

场地平整后，放平压力主机，使探头与地面垂直，设置反力装置（或利用车载重力），固定压力主机。反力装置通常采用以下方式：

（1）利用地锚做反力。

当地表有一层较硬的黏性土覆盖层时，可以使用2~4个或更多的地锚做反力，视所需反力大小而定。锚的长度一般为1.8 m，叶片的直径可分成多种，如25 cm、30 cm、35 cm、40 cm等，以适应各种情况。

（2）用重物做反力。

如地表土为砂砾、碎石土等难以下入，此时只有采用压重物来解决反力问题，即在触探架上压上足够的重物，如钢轨、钢锭、生铁块等。软土地基贯入 30 m 以内的深度，一般需压重物 40~50 kN。

（3）利用车辆自重做反力。

将整个触探设备装在载重汽车上，利用载重汽车的自重做反力。贯入设备装在汽车上工作方便，工效比较高，但由于汽车底盘距地面过高，使钻杆施力点距离地面的自由长度过大，当下部遇到硬层而使贯入阻力突然增大时易使钻杆弯曲或折断，应考虑降低施力点距地面的高度。

3.安装设备

安装加压装置和量测设备，并用水准尺将底板调平。

（1）安装加压设备。

根据实际情况可采用以下几种类型。

手摇式轻型静力触探利用摇柄、链条、齿轮等用人力将探头压入土中。用于较大设备难以进入的狭小场地的浅层地基土的现场测试。齿轮机械式静力触探结构简单、加工方便，既可单独落地组装，也可装在汽车上，但贯入力小，贯入深度有限。

全液压传动静力触探分单缸和双缸两种，目前国内使用比较普遍，一般最大贯入力可达 200 kN。

（2）安装量测设备。

根据实际情况可采用以下几种类型。

1）电阻应变仪：电阻应变仪由稳压电源、振荡器、测量电桥、放大器、相敏检波器和平衡指示器等组成。

2）自动记录仪：自动记录仪能随深度自动记录土层贯入阻力的变化情况，并以曲线的方式自动绘在记录纸上，从而提高了野外工作的效率和质量。

3）带微机处理的记录仪：近年来已有将静力触探试验过程引入微机控制的行列。

4）专用的静力触探仪。

4.设备检查

接通仪器检查电源电压是否符合要求，检查仪表是否正常，检查探头外套筒及锥头的活动情况，保证各设备正常使用。

5.熟知试验技术要求

（1）探头圆锥锥底截面积应采用 10 cm² 或 15 cm²，单桥探头侧壁高度应采用 57 mm 或 70 mm，双桥探头侧壁面积应采用 150~300 cm²，锥尖锥角应为 600 cm²。

（2）探头测力传感器应连同仪器、电缆进行定期标定，室内探头标定测力传感器的非线性误差、重复性误差、滞后误差、温度漂移、归零误差均应小于 1%。现场试验归零误差应小于 3%，绝缘电阻不小于 500 MI。

（3）深度记录的误差不应大于触探深度的 ±1%。

（4）当贯入深度超过 30 m 或穿过厚层软土后再贯入硬土层时，应采取措施防止孔斜或断杆，也可配置测斜探头，量测触探孔的偏斜角，校正土层界线的深度。

（5）孔压探头在贯入前，应在室内保证探头应变腔为已排除气泡的液体所饱和，并在现场采取措施保持探头的饱和状态，直至探头进入地下水位以下的土层为止。在孔压静探试验过程中不得上提探头。

（6）当在预定深度进行孔压消散试验时，应量测停止贯入后不同时间的孔压值，其计时间隔由密而疏合理控制；试验过程中不得松动探杆。

（二）现场试验

1. 接通电源

将仪表与探头接通电源，打开仪表和稳压电源开关，使仪器预热 15 min。

2. 仪器调零

根据土层软硬情况，确定工作电压，将仪器调零，并记录孔号、探头号、标定系数、工作电压及日期。

3. 匀速贯入

探头应匀速垂直压入土中，贯入速度控制在 1.2 m/min。

关注点：接卸探杆时，切勿使入土探杆转动，以防止接头处电缆被扭断，同时应严防电缆受拉，以免拉断或破坏密封装置。防止探头在阳光下暴晒，每结束一孔，应及时将探头锥头部分卸下，将泥沙擦洗干净，以保持顶柱及外套筒能自由活动。

4. 划分土层及土类判别

（1）根据各种阻力大小和曲线形状进行综合判定。曲线变化小的曲线段所代表的土层多为黏土层；而曲线呈急剧变化的锯齿状则为砂土。

（2）按临界深度等概念准确判定各土层界面深度。一般规律是位于曲线变化段的中间深度即为层面深度。

（3）计算探头阻力算术平均值。根据触探曲线按面积计算，并用其平均值进行土层定名。

四、圆锥动力触探

圆锥动力触探是用一定质量的重锤，以一定高度的自由落距，将标准规格的圆锥形探头贯入土中，根据打入土中一定距离所需的锤击数，对土层进行力学分层，判定土的力学特性，对地基土做出工程地质评价的原位测试方法。圆锥动力触探具有勘探和测试的双重功能。

通常以打入土中一定距离所需的锤击数来表示土层的性质，也有以动贯入阻力来表示土层的性质。其优点是设备简单、操作方便、工效较高、适应性强，并具有连续贯入的特点。对难以取样的砂土、粉土、碎石类土等土层，圆锥动力触探是十分有效的勘探测试手段。缺点是不能采样对土进行直接鉴别描述，试验误差较大，再现性较差。如将探头换为标准贯入器，则称标准贯入试验。

圆锥动力触探试验的类型，可分为轻型、重型和超重型三种。轻型动力触探的优点是轻便，对于施工验槽、填土勘察、查明局部软弱土层及洞穴分布具有实用价值，重型动力勘探是应用最广泛的一种，其规格与国际标准一致。

（一）工作准备

1. 安装探头、穿心锤及提引设备

探头为圆锥形，锥角60°，探头直径为40~74 mm。穿心锤为钢质圆柱形，中心圆孔略大于穿心杆3~4 mm。提引设备轻型动力触探采用人工放锤，重型及超重型动力触探采用机械提引器放锤，提引器主要有球卡式和卡槽式两类。

2. 安装触探架

应保持平稳，触探孔垂直。

（二）现场试验

1. 自由连续锤击

将穿心锤提至一定高度，自由下落并应尽量连续贯入，为防止锤击偏心、探杆倾斜晃动，同时保证一定的锤击速率。

2. 转动钻杆

每贯入1 m，宜将探杆转动一圈半；当贯入深度超过10 m时，每贯入20 cm宜转动探杆一次。

3. 量测读数

记录贯入深度和一阵击的贯入量及相应的锤击数。

关注点：锤击速率。轻型动力触探和重型动力触探为每分钟 15~30 击；超重型动力触探为 15~20 击。应特别注意各触探试验的适用条件和贯入土层中一定距离所需的锤击数。

（三）资料整理与成果应用

侧壁摩擦影响的校正对于密实的碎石土或埋深较大、厚度较大的碎石土，超重型触探试验则应考虑侧壁摩擦的影响。

五、抽水试验

抽水试验是岩土工程勘察中查明建筑场地的地层渗透性，测定有关水文地质参数常用的方法之一。根据勘察目的、要求和水文地质条件的差异可采用不同的抽水试验类型。

1. 抽水试验的类型

（1）根据试验方法和孔数分类：单孔抽水试验、多孔抽水试验、群孔干扰抽水试验、试验性开采抽水试验。

（2）根据试验段长度与含水层厚度关系分类：完整孔、非完整孔。

（3）根据抽水孔抽取的含水层部位分类：分层抽水试验、混合抽水试验。

（4）根据抽水试验的水量、水位与时间的关系分类：稳定流抽水试验、非稳定流抽水试验。岩土工程勘察中大量采用的是稳定流抽水试验。

2. 抽水试验的技术要求

按照规范要求，抽水试验应符合下列规定。

（1）抽水试验可根据渗透系数的应用范围具体选用不同的方法。

（2）抽水试验宜三次降深，最大降深应接近工程设计所需的地下水位降深的标高。

（3）水位量测应采用同一方法和仪器，读数对抽水孔为厘米，对观测孔为毫米。

（4）当涌水量与时间关系曲线和动水位与时间的关系曲线，在一定范围内波动，而没有持续上升和下降时，可认为已经稳定。

（5）抽水结束后应量测恢复水位。

第四节　现场检测（验）与监测

现场检测与监测是指在工程施工和使用期间进行的一些必要的检验与监测，是岩土工程勘察的一个重要环节。其目的在于保证工程的质量和安全，提高工程效益。现场检测是指在施工阶段对勘察成果的验证核查和施工质量的监控。主要包括两个方面：第一，验证核查岩土工程勘察成果与评价建议；第二，对岩土工程施工质量的控制与检验。

现场监测是指在岩土工程勘察、施工以及运营期间，对岩土体性状和地下水进行监测。监测主要包含三方面的内容：第一，施工和各类荷载作用下岩土体反映性状的监测；第二，对施工和运营过程中结构物的监测；第三，对环境条件的监测。

通过现场检测与监测所获得的数据，可以预测一些不良地质现象的发展演化趋势及其对工程建筑物的可能危害，以便采取防治对策和措施；也可以通过"足尺试验"进行反分析，求取岩土体的某些工程参数，以此为依据及时修正勘察成果，优化工程设计，必要时应进行补充勘察；对岩土工程的施工质量进行监控，可保证工程的质量和安全。可见，现场检测与监测在提高工程的经济效益、社会效益和环境效益中，起着十分重要的作用。

现场检测和监测应做好记录，并进行整理和分析，提交报告。现场检测和监测的一般规定如下。

（1）现场检测和监测应在工程施工期间进行。对有特殊要求的工程，应根据工程特点，确定必要的项目，在使用期内继续进行。

（2）现场检测和监测的记录、数据和图件，应保持完整，并应按工程要求整理分析。

（3）现场检测和监测资料，应及时向有关方面报送。当监测数据接近危及工程的临界值时，必须加密监测，并及时报告。

（4）现场检测和监测完成后，应提交成果报告。报告中应附有相关曲线和图纸，并进行分析评价，提出建议。

现场检测与监测内容主要包括：地基基础的检验与监测，不良地质作用和地质灾害的监测，地下水的监测等。对有特殊要求的工程，应根据工程的特点，确定必要的项目，在使用期内继续进行监测。

一、地基基础的检测与监测

1.天然地基基坑（槽）的检测与监测

天然地基基坑（槽）的检测与监测的重要工作之一就是验槽。

验槽是勘察工作中必不可少的最后一个环节。天然地基的基坑（槽）开挖后，应由勘察人员会同建设、设计、施工、监理以及质量监督部门的技术负责人共同到施工现场进行验槽。

关注点：基槽（坑）开挖后，应进行基槽检验。基槽检验可用触探或其他方法，当发现与勘察报告和设计文件不一致或遇到异常情况时，应结合地质条件提出处理意见。经基槽检验后方可进行基础施工。

2.验槽的目的、任务及要求

（1）检验勘察报告所述各项地质条件及结论建议是否正确，是否与基槽开挖后的地质情况相符。①核对基槽施工位置、平面尺寸、基础埋深和槽底标高是否满足设计要求；②核对基坑岩土分布及其性质和地下水情况。

（2）根据开槽后出现的异常地质情况，提出处理措施或修改建议。槽底基础范围内若遇异常情况时，应结合具体地质、地形地貌条件提出处理措施。必要时可在槽底进行轻便钎探。当施工揭露的地基土条件与勘察报告有较大出入时，可有针对性地进行补充勘察。

（3）解决勘察报告中的遗留问题。

3.无法验槽的情况

有下列情况之一者，不能达到验槽的基本要求，则无法验槽：①基槽底面与设计标高相差太大；②基槽底面坡度较大，高低悬殊；③槽底有明显的机械车辙痕迹，槽底土扰动明显；④槽底有明显的机械开挖、未加人工清除的沟槽、铲齿痕迹；⑤现场没有详勘阶段的岩土工程勘察报告或附有结构设计总说明的施工图阶段的图纸。

4.推迟验槽的情况

有下列情况之一时，应推迟验槽或请设计方说明情况：①设计所使用承载力和持力层与勘察报告所提供不符；②场地内有软弱下卧层而设计方未说明相应的原因；③场地为不均匀场地，勘察方需要进行地基处理而设计方未进行处理。

（一）准备工作

1. 必备的资料和条件

（1）勘察、设计、质监、监理、施工及建设方有关负责人员及技术人员到场。

（2）附有基础平面和结构总说明的施工图阶段的结构图。

（3）详勘阶段的岩土工程勘察报告。

（4）开挖完毕，槽底无浮土、松土（若分段开挖，则每段条件相同），条件良好的基槽。

2. 了解相关资料

（1）察看结构说明和地质勘察报告，对比结构设计所用的地基承载力、持力层与报告所提供的是否相同。

（2）询问、察看建筑位置是否与勘察范围相符。

（3）察看场地内是否有软弱下卧层。

（4）场地是否为特别的不均匀场地、勘察方要求进行特别处理的情况，而设计方没有进行处理。

（5）要求建设方提供场地内是否有地下管线和相应的地下设施的说明。

（6）场地是否处在采空影响区而未采取相应的地基、结构措施。

3. 选用合适的验槽方法

验槽方法主要有以下几种方式，应根据实际情况采用。

（1）观察验槽。

仔细观察基底土的结构、孔缝、湿度、包含物等，并与勘察资料对比，确定是否已挖到设计土层，对可疑之处应局部下挖检查。

（2）夯、拍验槽。

用木锤、蛙式打夯机或其他施工机具对干燥的基底进行夯、拍（对潮湿和软土不宜），从夯、拍声音上判断土中是否存在空洞或墓穴。对可疑迹象应进一步采用轻便勘探仪查明。

（3）轻便勘探验槽。

用钎探、轻便动力触探、手持式螺旋钻、洛阳铲等对地基主要持力层范围内的土层进行勘探，或对上述观察、夯、拍发现的异常情况进行探查。

钎探采用钢钎（用22~25 mm的钢筋做成，钎尖成60°锥尖，钎长1.8~2.0 m），用质量为8~10磅的锤打入土中，进行钎探，根据每打入土中30 cm所需的锤击数判断地基土好坏和是否均匀一致。钎探孔一般在坑底按梅花形或行列式布置，孔距为 1~2 m。钎探完毕后，对钎探孔应灌砂处理，并应全面分析钎探记录，进行统计分析。如发现基底土质与原设计不符或有其他异常时，应及时处理。

手持螺旋钻是小型的螺旋钻具，钻头呈螺旋形，上接一 T 形把手，由人力旋入土中，钻杆可接长，钻探深度一般为 6 m，软土中可达 10 m，孔径约 70 mm。每钻入土中 300 mm 后将钻竖直拔出，根据附在钻头上的土了解土层情况。

（二）现场检验与监测

1. 现场检验

（1）清槽。

验槽前要清槽，应注意以下几点。

1）设计要求应把槽底清平，槽帮修直，土清到槽外。

2）观察钎探基槽的过软过硬部位，要挖到老土。

3）柱基如有局部加深，必须将整个基础加深，使整个基础做到同一高度。条形基础基槽内局部有问题，必须按槽的宽度挖齐。

4）槽外如有坟、坑、井等，在槽底标高以下基础侧压扩散角范围内时，必须挖到老土，加深处理。

5）基槽加深部分，如果挖土较深，应挖成阶梯形。

（2）观察验槽。

以现场目测为主，采用先总体再局部的原则，先进行全面的目测，检测已挖地基的土质是否合乎设计要求，检测基槽边坡稳定性，检测地下水位，了解降排水措施及其对基槽的影响。

1）察看结构说明和地质勘察报告，对比结构设计所用的地基承载力、持力层与报告所提供的是否相同。

2）询问、察看建筑位置是否与勘察范围相符。

3）察看场地内是否有软弱下卧层。

通过目测，辅以袖珍贯入仪，逐段逐个或按每个建筑物单元详细检查基槽底土质是否与勘察报告中所提持力层相符，要特别注意基底有无填土及其分布。

（3）现场钎探或触探。

1）当存在持力层明显不均匀，浅部有软弱下卧层，有浅埋的坑穴、古墓、古井等时，可采用轻型动力触探进行验证，必要时取样试验或进行施工勘察，以检测地基土是否与勘察报告书描述一致，持力层是否受人为扰动（施工扰动、浸水软化等）。通过钎探，了解基底土层的均匀性，基底下是否存在空穴、古墓、古井、防空掩体及地下埋设物的位置深度、性状，审阅、分析研究钎探记录，找出异常钎探点及其分布规律并分析其原因。

2）坑底如发现有泉眼涌水，应立即堵塞（如用短木棒塞住泉眼）或排水加以处理，不得任其浸泡基坑。

3）对需要处理的墓穴、松土坑等，应将坑中虚土挖除到坑底和四周都见到老土为止，然后用与老土压缩性相近的材料回填；在处理暗浜等时，先把浜内淤泥杂物清除干净，然后用石块或砂土分层夯填。如浜较深，则底层用块石填平，然后再用卵石或砂土分层夯实。

4）基底土处理妥善后，进行基底抄平，做好垫层，再次抄平，并弹出基础墨线，以便砌筑基础。

2. 基坑监测

基坑开挖应根据设计要求进行监测，当基坑开挖较深，或地基土较软弱时，可根据工程需要布置监测工作。

（1）编制基坑工程监测方案。

编制基坑工程监测方案内容：支护结构的变形；基坑周边的地面变形；邻近工程和地下设施的变形；地下水位渗漏、冒水、冲刷、管涌等情况。

（2）现场监测。

（3）基坑底部回弹监测。

1）现场踏勘：了解场地的实际现状（必要时须做适当平整）。基坑开挖的范围和场地周围建筑物（含堆载物）及地下管线（设施）的分布情况，并在现状地形图（比例尺 1：200 或 1：500）上标注。其次，根据基坑形状和规模以及工程勘察报告和设计要求，确定回弹监测点数量和位置以及埋设深度，然后选择高程基准点和工作基点的位置。

2）布设回弹监测标点：其数量和位置根据基坑的形状及开挖规模，以较少的工作量，力求均匀地控制地基土的回弹量和变化规律。

监测标点布设：沿基坑纵横中心轴线及其他重要位置成对称布置，并在基坑外一定范围内（基坑深度的 1.5~2.0 倍）布设部分测点。点距一般为 10~15 m，也可根据需要而定。对于圆形（或相圆形）基坑，一般可类似于上列方形（或矩形）的基坑进行布设。当地质条件复杂或基坑周围建筑物繁杂或有重堆载物体的情况下，还必须根据基坑开挖的实际情况增加测点的数量。当布设的测点遇有地下管线或其他地下构筑物时，应避开并移设到与之对称的空位上。

布置高程基准点和工作基点：一般选择在基坑外相对稳定处设置，根据基坑形状和规模至少应设置 4 个以上工作基点，以便于独立引测（减少测站数）回监测点的高程。埋设回弹标志：必须在基坑开挖前埋设完毕，并同时测定出各标志点顶的标高。埋设方法：钻孔成孔—钻进—清理孔底残渣—安上回弹标志至孔底—重铺击入法，把测标打入土—卸下钻杆并提出。

3）相关要求。成孔要求：用 SH-30 型或 DPP-100 型工程钻机，成孔时要求孔位准确（应控制在 10 cm 以内），孔径要小于 φ127 mm，钻孔必须垂直，孔底与孔口中心的偏差不超过 8cm。钻进要求：采用跟管钻进（套管直径与孔径相应），孔深控制在基坑底设计标高下 20 cm 左右。钻孔达到深度后，用钻具清理孔底使其无残土。回弹标志要求：去钻头，安上回弹标志下至孔底，采用重锤击入法，把测标打入土中，并使回弹标志顶部低于基坑底面标高 20 cm 左右，以防止基坑开挖时标志被破坏。要使标志圆盘与孔底土充分接触，而后卸下钻杆并提出。基坑开挖前回弹监测标志点的标高引测一般是逐点进行的。基坑开挖后回弹监测。

4）基坑支护系统工作状态的监测。主要任务是对支护结构的位移（包括竖向位移、水平位移）和支撑结构轴力（内力）监测，支护结构的位移可采用几何测量法实现。

（三）资料整理

1.整理检验与监测记录

（1）整理基槽复验记录表和基坑检查记录表。

（2）整理基坑回弹监测点面位置图、回弹监测成果表、地基土回弹等值线图和基坑纵横中心轴线回弹剖面图。检测记录表和图件。

2.编写检验与监测报告

（1）编写验槽报告。主要内容包括岩土描述、槽底土质平面分布图、基槽处理竣工图、现场测试记录及检验报告。验槽报告是岩土工程的重要技术档案，应做到资料齐全，及时归档。

（2）编写基坑回弹监测成果技术报告：结合场地地质条件、基坑开挖的过程和施工工艺等因素，对基坑地基土回弹规律进行综合分析，提出基坑回弹监测成果技术报告。

二、桩基工程的检测

（一）前期工作

收集相关资料。人员、设备到位。

（二）现场检测

1. 桩基的验槽

（1）机械成孔的桩基。

应在施工中进行，判明桩端是否进入预定的桩端持力层，泥浆钻进时，应从井口返浆中获取新带上的岩屑，仔细判断，认真判明是否已达到预定的桩端持力层。

（2）人工成孔桩应在桩孔清理完毕后进行。

1）摩擦桩：应主要检验桩长。

2）对端承桩：应主要查明桩端进入持力层长度、桩端直径。

3）在混凝土浇灌之前，应清净桩底松散岩土和桩壁松动岩土。

4）检验桩身的垂直度。

5）对大直径桩，特别是以端承为主的大直径桩，必须做到每桩必验。

6）检验的重点是桩端进入持力层的深度、桩端直径等。①桩端进入持力层的深度应符合下列要求：对于黏性土、粉土不宜小于 2 d，砂土不宜小于 1.5 d，碎石土类不宜小于 1 d；季节陈土和膨胀土，应超过大气影响急剧深度并通过抗拔稳定性验算，且不得小于 4 倍桩径及 1 倍扩大端直径，最小深度应大于 1.5 m。对岩面较为平整且上覆土层较厚的嵌岩桩，嵌岩深度宜采用 0.2 m 或不小于 0.2 m。②桩进入液化层以下稳定土层中的长度（不包括桩尖部分）应按计算确定：对于黏性土、粉土不宜小于 2 d，砂土类不宜小于 1.5 d，碎石土类不宜小于 1 d，且对碎石土，砾，粗、中砂，密实粉土，坚硬黏土不应小于 500 mm，对其他非岩类土不应小于 1.5 m。

（三）资料整理

1. 数据整理与分析

桩基检测完成后，应对获得的所有原始记录（如岩心描述、混凝土试样、试验资料等）进行归纳整理、数据分析与判定，做出结论和建议，提出桩基检测或监测报告，为桩基工程施工质量和工程使用功能的最终验收提供依据。

2.编制桩基检测报告

桩基检测报告主要包括下列内容：检测目的、任务、工作量及完成情况；桩基设计及施工概况；检测设备、工艺及基本原理；桩基施工质量状况及成桩主要参数；检测结果及分析；存在的主要质量问题、产生原因及对工程使用的影响；结论与建议。

三、地基处理的检验与监测

（一）前期工作

1.基础工作

收集相关资料、人员设备到位。

2.确定地基处理效果检验间隔时间

地基处理效果检测应在施工后间隔一定时间进行，对饱和黏性土地基应待孔缝水压力消散后进行，一般应间隔21~28 d，对于砂土和粉土地基，不宜少于7 d。

3.确定检测位置

质量检测宜选择在地基最不利位置和工程关键部位进行。

（二）现场检验与监测

1.施加荷载

为验证加固效果所进行的载荷试验，其施加载荷不应低于设计载荷的2倍。

2.现场检验

（1）地基处理方案的适用性，必要时可预先进行一定规模的试验性施工。

（2）换填或加固材料的质量。

（3）施工机械性能、影响范围和深度。

（4）施工速度、进度、顺序、工序搭接的控制情况。

（5）按规范要求对施工质量的控制。

（6）按计划在不同时间和部位对处理效果的检验。

（7）停工及周围环境变化对施工效果的影响。

3. 现场监测

（1）施工时土体性状的改变。如地面沉降、土体变形监测等。

（2）进行地基处理后地基前后性状比较和处理效果的监测，采用原位试验、取样试验等方法。

（3）施工噪声和环境的监测。

（4）必要时做处理后地基长期效果的监测。

4. 资料整理

地基处理的检验与监测结束后，应及时整理资料，并编写地基处理检验与监测报告。

四、建筑物沉降观测

下列建筑物应在施工期间及使用期间进行变形观测：地基基础设计等级为甲级的建筑物；复合地基或软弱地基上的设计等级为乙级的建筑物；加层、扩建建筑物；受邻近深基坑开挖施工影响或受场地地下水等环境因素影响的建筑物；需要积累经验或进行设计及分析的工程。

（一）前期工作

收集相关资料，人员、设备到位。

（二）现场观测

1. 水准基点的设置

（1）设备：水准仪。

（2）设置好水准基点：其位置必须稳定可靠，妥善保护。埋设地点宜靠近观测对象，必须在建筑物所产生的压力影响范围以外。在一个观测区内，水准基点不得少于3个。

2. 设置观测点

（1）埋置深度：与建筑物基础的埋深相适应。

（2）数量的设置：由设计人员确定，一般设置在室外地面以上，外墙（柱）身的转角及重要部位，数量不宜少于6点。

3. 确定观测数量

（1）在灌筑基础时就开始施测。

（2）施工期的观测：根据施工进度确定。①民用建筑：每施工完一层（包括地下室部分）应观测一次；②工业建筑：按不同荷载阶段分次观测，施工期间的观测次数不应少于 4 次，建筑物竣工后的观测，第一年不应少于 3 次，第二年不少于 2 次，以后每年 1 次，直到下沉稳定为止。沉降稳定标准可采用半年沉降量不超过 2 mm。

（3）特殊情况观测：遇地下水升降、打桩、地震、洪水淹没现场等情况，应及时观测。对于突然发生严重裂缝或大量沉降等情况时，应增加观测次数。

（三）资料整理

沉降观测后应及时整理好资料，计算出各点的沉降量、累计沉降量及沉降速率，以便及时、及早处理出现的地基问题。

五、不良地质作用和地质灾害的监测

工程建设过程中，由于受到各种内、外因素的影响，如滑坡、崩塌、泥石流、岩溶等，这些不良地质作用及其所带来的地质灾害都会直接影响到工程的安全乃至人民生命财产的安全。因此在现阶段的工程建设中对上述不良地质作用和地质灾害的监测已经是不可缺少的工作。

关注点：场地及其附近有不良地质作用或地质灾害，并可能危及工程的安全或正常使用；工程建设和运行可能加速不良地质作用的发展或引发地质灾害；工程建设和运行，对附近环境可能产生显著不良影响。上述情况发生时，应进行不良地质作用和地质灾害监测。

（一）编制监测纲要

纲要内容应包括：监测目的和要求，监测项目，测点布置，观测时间间隔和期限，观测仪器，方法和精度，应提交的数据、图件等，并及时提出灾害预报和采取措施的建议。

1. 监测的目的

不良地质作用和地质灾害监测的目的：一是正确判定、评价已有不良地质作用和地质灾害的危害性，监视其对环境、建筑物和对人民财产的影响，对灾害的发生进行预报；二是为防治灾害提供科学依据；三是预测灾害发生发展趋势和检验整治后的效果，为今后的防治、预测提供经验教训。

2.监测的内容

（1）岩溶上洞发育区应着重监测的内容：①地面变形；②地下水位的动态变化；③场区及其附近的抽水情况；④地下水位变化对土洞发育和塌陷产生的影响。

（2）滑坡监测的内容：①滑坡体的位移；②滑面位置及错动；③滑坡裂缝的发生和发展；④滑坡体内外地下水位、流向、泉水流量和滑带孔隙水压力；⑤支挡结构及其他工程设施的位移、变形、裂缝的发生和发展。

（3）崩塌监测的内容：当判定崩塌剥离体或危岩的稳定性时，应对张裂缝进行监测。对可能造成较大危害的崩塌，应进行系统监测，并根据监测结果，对可能发生崩塌的时间、规模、塌落方向和途径、影响范围等做出预报。

（4）现场采空区监测的内容：应进行地表移动和建筑物变形的观测，并应符合：①观测线宜平行和垂直矿层走向布置，其长度应超过移动盆地的范围；②观测点的间距可根据开采深度确定，并大致相等；③观测周期应根据地表变形速度和开采深度确定。

（5）地面沉降的监测内容：因城市或工业区抽水而引起区域性地面沉降，应进行区域性的地面沉降监测，基本内容包括：①地面沉降长期观测；②地下水动态观测；③对已有建筑物的沉降观测。监测要求和方法应按有关标准进行。

3.监测点的布设

不良地质作用和地质灾害监测点应根据各地不同的经济和地质条件来布设。主要布设在对人类生存影响大的区域。

（1）自动监测仪器布设要求。

1）无气象、水文部门雨量站点控制的花岗岩、碎屑岩丘陵区。

2）地点有通信网络覆盖，向阳光线较充足、地形迎风坡处。

3）城镇、人口密集区（学校、旅游景区）中的重要地质灾害危险区、易发区、重点防范区；危害程度较大的地质灾害隐患点或地震频发区，周边群众具有高度责任感，有具体愿意协助看护的监测员。

4）交通便利。

5）拟安装监测的地点要选择在泥石流沟口或威胁人数多、短期内无法治理的大型以上的地质灾害隐患点处。

（2）实时报警监测仪布设要求。

1）主要布设在花岗岩、碎屑岩丘陵区人口密集的地质灾害易发区和中型以上的滑坡或不稳定斜坡上。

2）拟布设地点要有移动通信网络覆盖，监测员要有高度的责任感。

（二）现场监测

监测技术方法按有关标准进行。

（三）资料整理

在进行监测工作过程中或完毕后应提供有关观测数据和相关曲线，并编制观测报告。报告内容包括工程概况、监测目的任务、监测技术要求、监测工作依据、监测内容、监测仪器设备及监测精度要求、监测点的布置、观测过程及其质量控制、监测数据成果和相关曲线、观测成果分析、结论及工作建议等。

六、地下水的监测

地下水的监测是指对地下水的水位、水量、水质、水压、水温及流速、流向等自然或人为因素影响下随时间或空间变化规律的监测。地下水的监测应根据岩土工程和建筑物稳定性的需要有目的、有计划、有组织地进行。

对于地下水监测，不同于水文地质学中的"长期观测"，因观测是针对地下水的天然水位、水质和水量的时间变化规律的观测，一般仅是提供动态观测资料。而监测则不仅仅是观测，还要根据观测资料提出问题，制定处理方案和措施。

当地下水水位变化影响到建筑工程的稳定时，需对地下水进行监测，有如下情况：①地下水位升降影响岩土稳定时；②地下水位上升产生浮托力对地下室或地下构筑物的防潮、防水或稳定性产生较大影响时；③施工降水对拟建工程或相邻工程有较大影响时；④施工或环境条件改变造成的孔缝水压力、地下水压力变化，对工程设计或施工有较大影响时；⑤地下水位的下降造成区域性地面下沉时；⑥地下水位的升降可能使岩土产生软化、湿陷、胀缩时；⑦需要进行污染物运移对环境影响的评价时。

（一）制订地下水监测方案

1.调查研究和收集资料

收集、汇总监测区域的水文、地质、气象等方面的有关资料和以往的监测资料。例如，地质图、剖面图、测绘图、水井的成套参数，含水层、地下水补给、径流和流向，以及温度、湿度、降水量等。

2. 监测的布设及内容

（1）地下水监测点布置。

应根据监测目的、场地条件、工程要求和水文地质条件决定，对于地下水压力（水位）和水质的监测，一般顺地下水流向布置观测线。

1）在平原及地质条件简单的地区，监测点可布成方格网状，监测线应平行或垂直地下水流向布置，间距不宜大于 40 m。

2）在狭窄地区，当无地表水体时，监测点可按三角形布置；当有地表水体时，监测线应垂直地表水体的岸边线布置。

3）在水位变化大的地段、上层滞水或裂缝水聚集的地段应布置监测点。但有多层含水层存在时，必要时可分层设置监测孔，以了解不同含水层的水位、水质、水压、水温及其联系情况。

4）在滑坡、岸边地段，应在坝肩、坝基、坝的上下游和滑动带设置观测点。对于基坑，可在垂直基坑长边布置监测线。

5）监测点的间距视地下水的梯度或地形坡度的大小及离地表水体的远近而确定，当地下水流梯度大（或地形坡度大）或靠近地表水体时，间距可小些，否则可大些，但不宜超过 400m。

6）监测孔深度应达到可能最低水位或基础施工最大降深 1m 处。

（2）地下水监测的内容。

地下水的监测应根据工程需要和水文地质条件确定。

1）水位监测：查明地下水位（最高、最低水位）、水位变化幅度范围；查明地下水位与地表水体（江、河、湖等）、大气降水的联系。

2）水质监测：查明地下水的物理、化学成分变化；查明污染源、污染途径、污染程度及对建筑材料的腐蚀等级。

3）水压监测：开挖深基坑、洞室、隧道工程；评价斜坡稳定性工程；软土地基加固处理工程等，都应对岩土的孔缝或裂缝水压力进行监测。当地下水可能对岩土产生潜蚀作用、管涌现象，引起基坑坍塌、矿井突涌时，也应对地下水进行监测。降水工程地面沉降的监测长期抽降地下水，可能引起地面产生不均匀沉降、建筑物开裂失稳等不良现象时，应对地下水位和地面沉降进行监测。

3. 地下水监测方法及时间

（1）地下水位的监测，可设置专门的地下水位观测孔，或利用水井、泉等进行。

（2）孔缝水压力、地下水压力的监测，可采用孔缝水压力计、测压计进行。

（3）用化学分析法监测水质时，采样次数每年不应少于4次，进行相关项目的分析。

（4）动态监测时间不应少于一个水文年。

（5）当孔缝水压力变化影响工程安全时，应在孔隙水压力降至安全值后方可停止监测。

（6）受地下水浮托力的工程，地下水压力监测应进行至工程荷载大于浮托力后方可停止监测。

（二）现场监测

监测技术方法按有关标准进行。

（三）资料整理

整理各种监测记录表，编制地下水监测报告。

第五章　地球物理勘探

地球物理勘探的主要任务是应用地球物理原理和方法开展资源勘探与开发、地震灾害预防预测、地球环境的保护和污染检测，方法手段包括地震勘探、重力勘探、磁法勘探、电法勘探、地球物理测井、遥感技术和海洋地球物理。地球物理勘探通过综合地质解释获得地下的结构构造和矿产分布。

第一节　电法勘探

电法勘探是以岩（矿）石之间的电性差异为基础，通过观测和研究与这种电性差异有关的电场分布特点及变化规律，来查明地下地质构造或寻找矿产资源的一类地球物理勘探方法。电法勘探方法种类繁多，目前可供使用的方法已有 20 多种。这首先是因为岩（矿）石的电学性质表现在许多方面。例如，在电法勘探中通常利用的有岩（矿）石的导电性、电化学活动性、介电性等。

一、电阻率法

电阻率法是传导类电法勘探方法之一。它利用各种岩（矿）石之间具有导电性差异，通过观测和研究与这些差异有关的天然电场或人工电场的分布规律，达到查明地下地质构造或寻找矿产资源的目的。

（一）电阻率法的仪器及装备

为适应野外条件，仪器除必须有较高的灵敏度、较好的稳定性、较强的抗干扰能力外，还必须有较高的输入阻抗，以克服测量电极打入地下而产生的"接地电阻"对测量结果的影响。

目前，国内常用的直流电法仪有 DDC-28 型电子自动补偿仪、ZWD-2 型直流数字电测仪、JD-2 型自控电位仪、C-2 型微测深仪、LZSD-C 型自动直流数字电测仪、MIR-IB 型多功能直流电测仪以及近年来出现的高密度电法仪等。

电阻率法的其他设备还有作为供电电极用的铁棒、用作测量电极用的铜棒、导线、线架，以及供电电源（45V 乙型干电池或小型发电机）等。

（二）电剖面法

电剖面法是电阻率法中的一个大类，它采用不变的供电极距，并使整个或部分装置沿观测剖面移动，逐点测量视电阻率的值。由于供电极距不变，探测深度就可以保持在同一范围内，因此可以认为，电剖面法所了解的是沿剖面方向地下某一深度范围内不同电性物质的分布情况。

根据电极排列方式的不同，电剖面法又有许多变种。目前常用的有联合剖面法、对称剖面法和中间梯度法等。

（三）电测深法

电测深法是探测电性不同的岩层沿垂向分布情况的电阻率方法。该方法采用在同一测点多次加大供电极距的方式，逐次测量视电阻率 ρ_s 的变化。我们知道，适当加大供电极距可以增大勘探深度，因此在同一测点上不断加大供电极距所测出的 ρ_s 值的变化，将反映出该测点下电阻率有差异的地质体在不同深度的分布状况。按照电极排列方式的不同，电测深法可以分为对称四极电测深、三极电测深、偶极电测深、环形电测深等方法，其中最常用的是对称四极电测深法。我们主要讨论对称四极电测深法，如无特殊说明，所说的电测深法都是指对称四极电测深法。

（四）高密度电阻率法

高密度电阻率法是一种在方法技术上有较大进步的电阻率法。

就其原理而言，它与常规电阻率法完全相同。由于它采用了多电极高密度一次布极，并实现了数据采集的自动化，因此相对常规电阻率法来说，它具有许多优点：由于电极的布设是一次完成的，测量过程中无须跑极，因此可防止因电极移动而引起的故障和干扰；在一条观测剖面上，通过电极变换和数据转换可获得多种装置的 ρ_s 断面等值线图；可进行资料的现场实时处理与成图解释；成本低，效率高。

1. 观测系统

高密度电阻率法在一条观测剖面上，通常要打上数十根乃至上百根电极（一个排列常用60根），而且多为等间距布设。所谓观测系统是指在一个排列上进行逐点观测时，供电和测量电极采用何种排列方式。目前常用的有四电极排列的"三电位观测系统"、三电极排列的"双边三极观测系统"以及二极采集系统等。

2. 高密度电阻率法的实际应用

广东省鹤山市某单位拟在新建场区寻找地下水，以供生产之用，单井涌水量要求超过100 m³/d。采用高密度电阻率法查找区内基岩中的含水破碎带，为钻探成井提供井位。从地质勘查资料可知，场地覆盖层由填土、淤泥质土、软塑状粉质黏土、可塑粉质黏土、粉土等组成，厚度为0~25 m，下伏基岩为强—中分化细粒花岗岩。如能找到其中的断层破碎带或基岩中的局部低阻带，则成井希望较大。现场工作采用温纳装置，电极间距5 m，最大AB距为240 m，解释深度取AB/3。

端电阻率较高，基岩埋深较浅；东部电阻率较低，基岩埋深较大。这与地质钻探资料一致。结合场地平整前的地形图可知，场地西部原为一小山头，东部低凹，中间有一条小冲沟经过，从区域构造图中也可以看出场地不远处有区域断裂构造。由此推断本场地电阻率断面图中的高低阻接触带为断层破碎带。据此提供钻井井位，成井后，出水量为159 m³/d。

二、充电法

充电法最初主要用于矿体的详查及勘探阶段，其目的是查明矿体的产状、分布及其与相邻矿体的连接情况。此后，充电法在水文、工程地质调查中也被用来测定地下水的流速、流向，追索岩溶发育区的地下暗河等。

（一）充电法的基本原理

当对具有天然或人工露头的良导地质体进行充电时，实际上整个地质体就相当于一个大电极，若良导地质体的电阻率远小于围岩电阻率时，我们便可以近似地把它看成是理想导体。理想导体充电后，在导体内部并不产生电压降，导体的表面实际上就是一个等位面，电流垂直于导体表面流出后便形成了围岩中的充电电场。显然，当不考虑地面对电场分布的影响时，则离导体越近，等位面的形状与导体表面的形状越相似；在距导体较远的地方，等位面的形状便逐渐趋于球形。

可见，理想充电电场的空间分布将主要取决于导体的形状、大小、产状及埋深，与充电点的位置无关。

当地质体不能被视为理想导体时，充电电场的空间分布将随充电点位置的不同而有较大的变化。所以，充电法也是以地质对象与围岩间导电性的差异为基础并且要求这种差异必须足够大，通过研究充电电场的空间分布来解决有关地质问题的一类电探方法，很难将它与点电源区分开。从这种意义上来说，充电法用来追踪或固定有明显走向的良导体更为有利。

（二）充电法的实际应用

充电法在水文工程及环境地质调查中，主要用来确定地下水的流速、流向，追索岩溶区的地下暗河分布等。

1. 测定地下水的流速、流向

应用追索等位线的方法来确定地下水的流速、流向，一般只限于在含水层的埋深较小、水力坡度较大以及角岩均匀等条件下进行。具体做法是：首先把食盐作为指示剂投入井中，盐被地下水溶解后便形成一良导的并随地下水移动的盐水体；然后对良导盐水体进行充电，并在地表布设夹角为 45° 的辐射状测线；最后按一定的时间间隔来追索等位线。

2. 追索岩溶区的地下暗河

在地形地质条件有利的情况下，利用充电法可以追踪地下暗河的分布及其延伸情况。通常在进行充电法工作时，首先把充电点选在地下暗河的出露处，然后在垂直于地下暗河的可能走向方向，上布设测线，并沿测线依次进行电位或梯度测量。

三、自然电场法

在电法勘探中，除广泛利用各种人工电场外，在某些情况下还可以利用由各种原因所产生的天然电场。目前我们能够观测和利用的天然电场有两类。一类是在地球表面呈区域性分布的大地电流场和大地电磁场，这是一种低频电磁场，其分布特征与较深范围内的地层结构及基底起伏有关。另一类是分布范围仅限于局部地区的自然电场，这是一种直流电场，往往和地下水的运动和岩矿的电化学活动性有关。观测和研究这种电场的分布，可解决找矿勘探或水文、工程地质问题，我们把它称为自然电场法。

（一）自然电场

1. 电子导体自然电场

利用自然电场法来寻找金属矿床时，主要是基于对电子导体与围岩中离子溶液间所产生的电化学电场的观测和研究。实践表明，与金属矿有关的电化学电场通常能在地表引起几十至几百毫伏的自然电位异常。由于石墨也属于电子导体，因此在石墨矿床或石墨化岩层上也会引起较强的自然电位异常，这对利用自然电场法来寻找金属矿床或解决某些水文、工程地质问题是尤为重要的。

自然状态下的金属矿体，当其被潜水面切割时，由于潜水面以上的围岩孔隙富含氧气，因此，这里的离子溶液具有氧化性质，所产生的电极电位使矿体带正电，围岩溶液中带负电。随深度的增加，岩石孔隙中所含氧气逐渐减少，到潜水面以下时，已变成缺氧的还原环境。因此，矿体下部与围岩中离子溶液的界面上所产生的电极电位使矿体带负电，溶液中带正电。矿体上、下部位这种电极电位差随着地表水溶液中氧的不断溶入而得以长期存在，因此，自然电场通常随时间的变化很小，我们可以把自然电场看成是一种稳定电流场。

2. 过滤电场

当地下水溶液在一定的渗透压力作用下通过多孔岩石的孔隙或裂隙时，由于岩石颗粒表面对地下水中的正、负离子具有选择性的吸附作用，使其出现了正、负离子分布的不均衡，因而形成了离子导电岩石的自然极化。一般情况下，含水岩层中的固体颗粒大多数具有吸附负离子的作用。这样，由于岩石颗粒表面吸附了负离子，结果在运动的地下水中集中了较多的正离子，形成了在水流方向为高电位、背水流方向为低电位的过滤电场（或渗透电场）。

在自然界中，山坡上的潜水受重力作用，从山坡向下逐渐渗透到坡底，出现了在坡顶观测到负电位、在坡底观测到正电位这样一种自然电场异常。这种条件下所产生的过滤电场也称为山地电场。

顺便指出，过滤电场的强度在很大程度上取决于地下水的埋藏深度以及水力坡度的大小。当地下水位较浅，而水力坡度较大时，才会出现明显的自然电位异常。

显然，从过滤电场的形成过程可见，在利用自然电场法找矿时，过滤电场便成为一种干扰。但是在解决某些水文、工程地质问题时，如研究裂隙带及岩溶地区岩溶水的渗漏以及确定地下水与地表水的补给关系等方面，过滤电场便成了主要的观测和研究对象。

3.扩散电场

当两种岩层中溶液的浓度不同时，其中的溶质便会由浓度大的溶液移向浓度小的溶液，从而达到浓度的平衡，这便是我们经常见到的扩散现象。显然，在这一过程中，溶质小的正、负离子也将随着溶质而移动，但由于不同离子的移动速度不同，结果使两种不同浓度的溶液分别含有过量的正离子或负离子，从而形成被称为扩散电场的电动势。电场的方向将视溶液中离子的符号而定，如当两种岩层中含 NaCl 的水溶液浓度相差较大时，扩散电场的符号将取决于 Na^+ 和 Cl^- 的迁移率，由于 Cl^- 的迁移率大于 Na^+，因而在浓度小的溶液一侧含水岩层中便会获得负电位，从而形成扩散电场。

除了电化学电场、过滤电场及扩散电场外，在地表还能观测到由其他原因所产生的自然电场，如大地电流场、雷雨放电电场等，这些均为不稳定电场，在水文及工程地质调查中尚未得到实际应用。

（二）自然电场法的应用

自然电场法的野外工作需首先布设测线测网，测网比例尺应视勘探对象的大小及研究工作的详细程度而定。一般基线应平行地质对象的走向，测线应垂直地质对象的走向。野外观测分电位法及梯度法两种：电位法是观测所有测点相对于总基点（正常场）的电位值，而梯度法则是测量测线上相邻两点间的电位差。两种方法的观测结果可绘成平面剖面图及平面等值线图。

自然电场法除了在金属矿的普查勘探中有广泛的应用外，在水文地质调查中通过对离子导电岩石过滤电场的研究，可以用来寻找含水破碎带、上升泉，了解地下水与河水的补给关系，确定水库及河床堤坝渗漏点等。此外，自然电场法还可以用来了解区域地下水的流向等。当地下水补给地表水时，在地面上能观测到自然电位的正异常。

四、激发极化法

在电法勘探的实际工作中我们发现，当采用某一电极排列向大地供入或切断电流的瞬间，在测量电极之间总能观测到电位差随时间的变化，在这种类似充、放电的过程中，由于电化学作用所引起的随时间缓慢变化的附加电场的现象称为激发极化效应（简称激电效应）。激发极化法就是以岩（矿）石激电效应的差异为基础达到找矿或解决某些水文地质问题的一类电探方法。由于采用直流电场或交流电场都可以研究地下介质的激电效应，因而激发极化法又分为直流（时间域）激发极化法和交流（频率域）激发极化法。二者在基本原理方面是一致的，只是在方法技术上有较大的差异。

激发极化法近年来无论从理论上还是方法技术上均有了很大的进展，它除了被广泛地用于金属矿的普查、勘探外，在某些地区还被广泛地用于寻找地下水。该方法由于不受地形起伏和围岩电性不均匀的影响，因此在山区找水中受到了重视。

（一）激发极化特性及测量参数

岩（矿）石的激发极化效应可以分为两类：面极化与体极化。按理说，二者并无差别，因为从微观来看，所有的激发极化都是面极化的。下面，我们以体极化为例来讨论岩（矿）石在直流电场作用下的激发极化特性。交流激发极化法是在超低频电场作用下，根据电场随频率的变化来研究岩（矿）石的激电效应。在超低频段范围内，交放电位差（或者说由此而转换成的复电阻率）将随频率的升高而降低，我们把这种现象称为频散特性或幅频特性。由于激电效应的形成是一种物理化学过程，需要一定的时间才能完成，所以，当采用交流电场激发时，交流电的频率与单向供电持续时间的关系显然是频率越低，单向供电时间越长，激电效应越强，因而总场幅度便越大；相反，频率越高，单向供电时间越短，激电效应越弱，总场幅度也越小。显然，如果适当地选取两种频率来观测总场的电位差后，便可从中检测出反映激电效应强弱的信息。

（二）激发极化法在水文地质调查中的应用

从上述讨论可知，不同岩（矿）石的激发极化特性主要表现在二次场的大小及其随时间的变化上。在水文地质调查中，我们更重视表征二次场衰减特性的参数，如衰减度、激发比、衰减时等。激发极化法在水文地质调查中的应用主要有两点：一是区分含碳质的岩层与含水岩层所引起的异常；二是寻找地下水，划分出富水地段。

在激电法找水中，我国近年来还成功地应用了衰减时法。所谓衰减时是指二次场衰减到某一百分比时所需的时间。也就是说，若将断电瞬间二次场的最大值记为 100% 的话，则当放电曲线衰减到某一百分数，比如说 50% 时，所需的时间即为半衰时。这是一种直接寻找地下水的方法，对寻找第四系的含水层和基岩孔隙水具有较好的应用效果。

第二节　电磁法勘探

一、频率电磁测深法

频率电磁测深法是电磁法中用以研究不同深度的电结构的重要分支方法，和直流电测深法不同，它是通过改变电磁场频率的方法来达到改变探测深度的目的。近年来，利用人工场源所进行的频率测深，在解决各类地质构造问题上获得了较好的地质效果。由于它具有生产效率高、分辨力强等值影响范围小以及具有穿透高阻电性屏蔽层的能力，因而受到勘探地球物理界的普遍重视。

人工场源频率测深的激发方式有两种，其中一种是利用接地电极 AB 将交变电流送入地下，当供电偶极 AB 距离不很大时，由此而产生的电磁场就相当于水平电偶极场。另一种激发方式是采用不接地线框，其中通以交变电流后在其周围便形成了一个相当于垂直磁偶极场的电磁场。由于供电频率较低，对于地下大多数非磁性导电介质而言，可以忽略位移电流的影响，视之为似稳场，即在距场源较远的地段可以把电磁波的传播看成以平面波的形式垂直入射到地表。通常，供电偶极（AB）距离的选择取决于勘探对象的埋藏深度，由于只有当极距 $r > 0.1\lambda$ 时（λ 为电磁场在介质中的波长），地电断面的参数对电磁场的观测结果才有影响。因此，一般选择极距 r 大于 6~8 倍研究深度，即通常在所谓"远区"观测，这时才能显示出电断面参数对被测磁场的影响。由于垂直磁偶极场远较水平电偶极场的衰减快，因此在较大深度的探测中多采用电偶极场源。但由于磁偶极场是用不接地线圈激发的，因此对某些接地条件较差的测区，或在解决某些浅层问题的探测中磁偶极源还是经常被采用的。

为便于理解上述结果，可以从由频率域合成时间域的角度进行分析。当球体电导率很小时，球体产生的振幅和相位异常均很小，因而合成的时间域异常也很小；当球体电导率增大时，球体产生的振幅和相位异常场增大，故合成的时间域异常也增大；当球体电导率继续增大后，虽然高频成分的振幅增大了，但其相位移趋于 180°，因而对应高频成分的早期时间异常值反而减小。由于低频成分的综合参数处于最佳状态，于是与低频成分相对应的晚期时间异常幅值反而增大了。这在瞬变曲线上表现为衰减很慢。当电导率趋于无穷大时，所有谐波相位移趋于180°，故 H2（t）值趋于零。

二、瞬变电磁测深法

在瞬变电磁法中常用的测深装置有电偶源、磁偶源、线源和中心回线 4 种。中心回线装置是使用小型多匝线圈（或探头）放置于边长为 L 的发送回线中心观测的装置，常用于 1 km 以内浅层的探测工作。其他几种则主要用于深部构造的探测。

常用的近区瞬变电磁测深工作装置。一般认为，探测 1 km 以内目标层的最佳装置是中心回线装置，它与目标层有最佳耦合、受旁侧及层位倾斜的影响小等特点，所确定的层参数比较准确。线源或电偶源装置是探测深部构造的常用装置，它们的优点是由于场源固定，可以使用较大功率的电源，在场源两侧进行多点观测，有较高的工作效率。这种装置所观测的信号衰变速度要比中心回线装置慢，信号电平相对较大，对保证晚期信号的观测质量有好处。缺点是前支畸变段出现的时窗要比中心回线装置往后移，并且随极距 r 的增大向后扩展，使分辨浅部地层的能力大大减小。此外，这种装置受旁侧及倾斜层位的影响也较大。

第三节　地震勘探

一、透射波法

在工程地震勘探中，透射波法主要用于地震测井（地面与井之间的透射）地面与地面之间凸起介质体的勘查，以及井与井之间地层介质体的勘查。地质目的不同，所采用的方法手段也不同。但从原理上讲，均是采用透射波理论，利用波传播的初至时间，反演表征岩土介质的岩性、物性等特性及差异的速度场，为工程地质以及地震工程等提供基础资料或直接解决其问题。

（一）地面与井的透射

井口附近激发，井中不同深度上接收透射波的地震工作称为地震测井。在工程勘探中，地震测井按采集方式的不同，可分为单分量的常规测井、两分量或三分量的 PS 波测井以及用于测量地层吸收衰减参数的 Q 测井等。尽管采集方式不同，但方法原理基本一致。

1.透射波垂直时距曲线

地震测井是测量透射波的传播时间与观测深度之间的关系，这种关系曲线叫作透射波垂直时距曲线。假设地下为水平层状介质。在地面激发，井中接收，透射波就相当于直达波。但是，由于波经过速度分界面时有透射作用，透射波垂直时距曲线比均匀介质中的直达波复杂。它是一条折线，折点位置与分界面位置相对应。因此，根据透射波垂直时距曲线的折点，可以确定界面的位置，而且，时距曲线各段直线的斜率倒数，就是地震波在各层介质中的传播速度，也就是该层的层速度。

2.资料采集

（1）仪器设备。

在工程地震测井中，主道的工程数字要采用的仪器设备有地面记录仪器，常用6~24道的工程数字地震仪以及转换面板（器）。井下带推靠装置的检波器，一般为单分量、两分量或三分量。多分量检波器主要用于纵、横波测量，激发装置，以及信号传输用电缆和简易绞车等。

（2）激发。

激发方式有地面激发和井中激发两种。地面激发的方式主要有锤击、落重、叩板（横向击板）和炸药等方式。而对于井中激发，激发震源主要为炸药震源、电火花震源和机械振动震源。当激发力方向与地面垂直时，可激发出 P 型和 SV 型的透射波；当激发力方向与地面水平时，可激发出 SH 型的透射波。

（3）接收。

井下检波器的功能为拾取地震波引起的井壁振动，并转换为电信号，通过电缆送给地面记录系统。一般要求其具有耐温、耐压和不漏电等性能。核心部分一般为机电耦合型的速度检波器，又称为换能器。对于单分量而言，其方位可以是垂直或水平放置（与地面相对而言）；对于两分量而言，换能器方位互为 90° 角放置，即 1 个垂直、1 个水平；对于三分量而言，3 个换能器方位互为 90° 角，即按 X—Y—Z 方向放置，井中有 2 个水平分量（X，Y）、1 个垂直分量（Z）。对于地面激发、井中接收而言，测量顺序一般为从井底测到井口，并要求有重复观测点，以校正深度误差。接点至收点间距一般为1~10 m，可根据精度要求选择，也可采用不等距测量。对于地面井旁浅孔接收、井中激发，工作过程和要求与上文一致，只是激发和接收换了一个位置。

地面记录仪器因素的选择基本与反射波法一致。但是在测井中，我们需要的只是初至波，所以仪器因素的选择应以尽可能地突出初至波为标准。此外，为压制或减轻干扰，要求井下检波器与井壁耦合要好，检波器定位后要使震源与井口保持一定距离。

（4）干扰波。

在地震测井中，主要的干扰波有电缆波、套管波、井筒波（又称为管波）以及其他噪声等。然而，对透射的初至波造成干扰的主要干扰波为电缆波和套管波，下面简要介绍其特点。电缆波是一种因电缆振动引起的噪声。引起电缆振动的原因包括地表井场附近或井口的机械振动以及地滚波扫过井口形成的新振动。在工程测井中，电缆波可能出现在初至区，从而影响初至时间的正确拾取。当检波器推靠不紧时，最易受电缆波的干扰。减少电缆波干扰的方法有推靠耦合、适当松缆、减少地面振动（包括井口）、尽量在地面设法（如挖隔离沟等）克制面波对井口的干扰。

在下套管（钢管）的井中测量时，要求套管和地层（井壁）胶结良好（一般用水泥固井），否则，透射波将在胶结不良处形成新的沿套管传播的套管波。由于套管波的速度一般高于波在岩土中传播的速度，因此，它将对胶结不良的局部井段接收到的初至波形成干扰。可以看出：AB 井段，并胶结，整个初至波被速度达 5 200 m/s 的套管波所取代。BC 井段，因胶结不良，初至波谷变化不定，与井段相比，显然井段胶结良好，初至波稳定。

研究表明，套管波对纵波干扰严重，对转换波（SV）和横波（SH）影响较小。减少套管波干扰的办法是提高固井质量或采用能迅速衰减套管波的薄壁塑料管，并用砂或油砂石回填，使套管和原状土良好接触。后期采用滤波的方式进行压制。

3. 资料的处理解释

不论 P 型还是 SH 型的初至波，拾取时间位置均为起跳前沿。拾取方法通常为人工或人机联作拾取。对于受到干扰的初至波，可在滤波后拾取，在滤波处理无效的情况下，也可拾取初至波的极大峰值时间，并经一定的相位校正后作为初至时间。对于 SH 型横波，可采用正、反两次激发所得的两个横波记录用重叠法拾取其初至时间。

（二）井间透射

这类测量方式需要两口或两口以上的钻井。它分别在不同的井中进行激发和接收。所利用的信息仍为透射的初至波。此时的初至波中除直达波外，还可能包含折射波（当井间距离较大时）。从方法上考虑，一般分为两种：一种为跨孔法，另一种为井间（或称为跨孔 CT）法。下面我们分别简述其方法技术。

跨孔法又称平均速度法，这是因为当震源孔与接收孔之间距离较大时，接收的初至波中可能既包含直达波也包含折射波，由此求得的速度将是孔间地层的某一平均速度，它包含了地层内部和某一折射层的信息。

跨孔法可以用来测量钻孔之间岩体纵、横波的传播速度、弹性模量及衰减系数等，这些参数可用于岩体质量的评价。它在一个钻孔中激发，在另外两个钻孔中接收弹性波。由于钻孔之间的距离为已知，可利用同一地震波的不同到达时间求取其传播速度。检波器采用井中三分量固定式检波器，可分别接收 P 波和 S 波。为避免干扰和保证接收的波有足够的能量，通常钻孔之间距离较小（一般为几米至十几米）。若钻孔倾斜，在计算时必须进行校正，以确保计算速度的精度。

（三）地面凸起介质的透射

对于地面凸起介质的勘查思路与井间透射法思路基本一致，但激发和接收所需的仪器设备完全采用地面地震勘探所用的仪器设备。检波器一般采用单分量的纵波或横波检波器。对于规则形体的凸起物，当剖面线内的厚度较小时，可采用直达波的思想计算其凸起介质的速度分布，其做法类似于跨孔法，也可采用透射 CT 的思想反演其速度分布场；对于不规则形体的凸起介质，如坡度较大的岩土山梁等，一般采用透射 CT 技术进行速度成像。

二、反射波法

反射波法是在工程地震勘探中广泛应用的方法。在各种有弹性差异的分界面上都会产生反射波，反射波法主要用于探测断层，确定层厚度等。

（一）反射波法观测系统

在浅层反射波法现场数据采集中，为了压制干扰波和突出有效波，也可根据不同情况选择不同的观测系统，而使用最多的是宽角范围观测系统和多次覆盖观测系统。宽角范围观测系统是将接收点布置在临界点附近的范围进行观测，因为此范围内反射波的能量比较强，并且可避开声波与面波的干扰，尤其对"弱"反射界面优越性更为明显。

多次覆盖观测系统是根据水平叠加技术的要求而设计的，为此先介绍一下水平叠加的概念。水平叠加又称反射点叠加或共中心点叠加，就是把不同激发点、不同接收点上接收到的来自同一反射点的地震记录进行叠加，这样可以压制多次波和各种随机干扰波，从而大大地提高了信噪比和地震剖面的质量，并且可以提取速度等重要参数。多次覆盖观测系统是目前地震反射波法中使用最广泛的观测系统。

（二）反射波资料处理及解释

目前，浅层反射波法现场采集的资料通常都是用多次覆盖观测系统得到的共激发点地震记录，其中除了有效波外还常伴随有各种干扰波，无法进行直接的地质解释。因此必须对这些资料进行滤波、校正、叠加等一系列的处理，得出可靠的反射波地震剖面后，才能做进一步的地质解释。反射波资料处理系统就是在此基础上设计的。

1. 反射波的资料处理系统

随着微机技术的应用和发展，国内外的一些部门和单位结合浅层反射波的特点先后开发出反射处理系统，并已广泛地应用于生产实践，取得了较好的经济效益。

2. 反射波法资料解释

野外采集的地震资料经过处理之后，得到的主要成果资料是经过水平叠加（或偏移）的时间剖面。因此，它们是反射波资料进行地质解释的基础。在一般情况下，通过时间剖面上波的对比，可以确定反射层的构造形态、接触关系以及断层分布等情况。但是，这种地质解释的准确程度往往受到多种因素的影响。首先是资料采集和数据处理的质量，有较高的信噪比和分辨率的时间剖面是确保解释质量的基本条件。在采集或处理中，若方法或参数选择不当，也会影响地震剖面的质量，甚至造成假象，影响解释工作的准确性。另外，地震剖面的解释还受其分辨率的限制。

（1）时间剖面的表示形式。

绘制时间剖面图时，纵轴垂直向下，表示 t_0 时间，在剖面两侧标 0 ms、10 ms、20 ms 等坐标值为相应的 t_0 时间，并每隔 10 ms 画一条水平线，称为计时线。该坐标的值表示各 CDP 点在地面的位置排列，两个 CDP 点之间的距离为道间距的二分之一。

每个 CDP 点记录的振动图形均采用波形线和变面积的显示法来表示（使波形正半周部分呈黑色），这样既能显示波形特征，又能更醒目地标示出强弱不同的波动景观，便于波形的对比和同相轴追踪。

由于反射界面总有一定的稳定延续范围，来自同一反射界面的反射波形态也有相应的稳定性，在时间剖面中形成延续一定长度的清晰同相轴。又因为地震波的双程旅行时间大致和界面的法线深度成正比，因此，可以根据同相轴的变化定性地了解岩层起伏及地质构造等概况。但是，时间剖面不是反射界面的深度剖面，更不是地质剖面，必须经过一定的时间深度转换处理，才能进行定量的地质解释。

（2）反射波的对比识别。

在时间剖面上一般反射层位表现为同相轴的形式。在地震记录上相同相位的连线叫作同相轴。所以在时间剖面上反射波的追踪实际上就变为同相轴的对比。我们可以根据反射波的走势及波形相似的特点来识别和追踪同一界面的反射波。

主要是从波的强度幅频特性、波形相似性和同相性等标志，对波进行对比。这些标志并不是彼此孤立的，也不是一成不变的。反射波的波形、振幅、相位与许多因素有关，一般来说激发、接收等受地表条件的影响，会使同相轴从浅到深发生相似的变化，而与深部地震地质条件变化有关的影响，则往往只使一个或几个同相轴发生变化。所以在波的对比中要善于分析研究各种影响因素，弄清同相轴变化的原因，并严格区分是地质因素还是地表等其他因素。

另外在时间剖面的识别中，除了规则界面的反射波外，还应该对多次波、绕射波、断面波等一些特殊波的特征有足够的认识，只有这样才能进行正确的地质解释。

3.时间剖面的地质解释

结合已知地层情况和钻孔资料，在时间剖面上找出特征明显、易于连续追踪的且具有地质意义的反射波同相轴，作为全区解释中进行对比的标准层。在没有标准层的地段，则可将相邻有关地段的构造特征作为参考来控制解释。

断层带的同相轴变化主要特征如下：反射波同相轴错位；反射波同相轴突然增减或消失；反射波同相轴产状突变，反射零乱或出现空白带；标准反射波同相轴发生分叉、合并、扭曲、强相位转换等等。以上特点是识别断层的重要标志，而且还常常伴有绕射波、断面波等出现。在断层特征明显和绕射波、断面波清晰时，还可以从时间剖面上确定出断面的产状要素。

三、折射波法

折射波法是工程地震勘探中应用最为广泛的，也是较为成熟的方法之一。当下层介质的速度大于上层介质时，以临界角入射的地震波沿下层介质的界面滑行，同时在上层介质中产生折射波。根据折射波资料可以可靠地确定基岩上覆盖层的厚度和速度，根据每层速度值判断地层岩性、压实程度、含水情况及地下潜水界面等。用折射波法可获得基岩面深度，这个深度是指新鲜基岩界面的埋深。当基岩上部风化裂隙发育或风化层较厚时，新鲜基岩面给出了硬质稳定的地下岩层，从而减少给工程带来的危险性。另外，还可由界面速度值确定地层岩性。利用折射波法可以准确地勾画出低速带，指示出断层、破碎带、岩性接触带等。

（一）折射波法观测系统

根据不同的工作内容，可选择不同类型的侧线。当激发点和接收点在一条直线上时，称为纵测线；当激发点和接收点不在一条直线上时，则称为非纵测线。在非纵测线中，根据各种不同的排列关系和相对位置又可分为横测线、弧形测线等。在工作中，纵测线是主要测线，而非纵测线一般只作为辅助测线来布置，它可以在某些特定情况下解决一些特殊问题（如探测古河床、断裂带等），以弥补纵测线的不足。

用纵测线观测时，根据测线间不同的组合关系可分为单支时距曲线观测系统、相遇时距曲线观测系统、多重相遇时距曲线观测系统以及追逐时距曲线观测系统等。时距曲线观测系统则是根据地震波的时距曲线分布特征所设计的观测系统。在各种时距曲线观测系统中，以相遇时距曲线观测系统使用最为广泛。

（二）折射波资料的处理解释

这里所讨论折射波资料的处理和解释是对初至折射波而言。因此，首先必须对地震记录进行波的对比分析，从中识别并提取有效波的初至时间和绘制相应的时距曲线。

解释工作可分为定性解释和定量解释两个部分。定性解释主要是根据已知的地质情况和时距曲线特征，判别地下折射界面的数量及其大致的产状，是否有断层或其他局部性地质体的存在等，给选择定量解释方法提供依据。定量解释则是根据定性解释的结果选用相应的数学方法或作图方法求取各折射界面的埋深和形态参数。有时为了得到精确的解释结果，需要反复多次地进行定性和定量解释。然后可根据解释结果机制推断地质图等成果图件，并编写成果报告。

在对地震记录拾取初至时间之前，先判别是否要做预处理。当有的地震记录中初至区干扰波较强，而有效波相对较弱时，则应在预处理中通过滤波、切除或均衡等方法压制干扰波，以保证对有效折射波的识别和正确地拾取初至时间。这一工作对计算机自动判别拾取初至时间，则更为重要。若地震记录中干扰小，初至折射波很清晰，则不必做预处理。

在解释方法的选择中，可分为常规解释方法和复杂条件解释方法两类，各类中又分别包含各种不同的方法和不同的情况。通常当折射界面为正常的水平或倾斜速度界面时，可选用常规的解释方法，若是其他一些特殊形态的地质体和岩层，则应选用相应的复杂方法进行解释。

第四节　声波探测

声波探测是通过探测声波在岩体内的传播特征来研究岩体性质和完整性的一种物探方法。和地震勘探相类似，声波探测也是以弹性波理论为基础的。两者主要的区别在于工作频率范围的不同，声波探测所采用的信号频率要大大地高于地震波的频率，因此有较高的分辨率。但是，由于声源激发一般能量不大，且岩石对其吸收作用大，因此传播距离较小，一般只适用于在小范围内对岩体等地质现象进行较细致的研究。因为它具有简便快速和对岩石无破坏作用等优点，目前已成为工程与环境检测中不可缺少的手段之一。

岩体声波探测可分为主动式和被动式两种工作方法。主动式测试的声波是由声波仪的发射系统或锤击等声源激发的；被动式的声波是出于岩体遭受自然界或其他作用力时，在形变或破坏过程中自身产生的，因此两种探测的应用范围也不相同。

目前声波探测主要应用于下列几个方面。

（1）根据波速等声学参数的变化规律进行工程岩体的地质分类。

（2）根据波速随应力状态的变化，圈定开挖造成的围岩松弛带，为确定合理的衬砌厚度和锚杆长度提供依据。

（3）测定岩体或岩石试样的力学参数，如弹性模量、剪切模量和泊松比等。

（4）利用声速及声幅在岩体内的变化规律进行工程岩体边坡或地下硐室围岩稳定性的评价。

（5）探测断层、溶洞的位置及规模。

（6）研究岩体风化壳的分布。

（7）工程灌浆后的质量检查。

（8）天然地震及地压等灾害的预报。

研究和解决上述问题，为工程项目及时而准确地提供了设计和施工所需的资料，对缩短工期、降低造价、提高安全度等都有着重要的意义。

一、原理

如前所述，声波探测和地震勘探的原理十分相似，也是以研究弹性波在岩土介质中的传播特征为基础。声波在不同类型的介质中具有不同的传播特征。当岩土介质的成分、结构和密度等因素发生变化时，声波的传播速度、能量衰减及频谱成分等亦将发生相应变化，在弹性性质不同的介质分界面上还会发生波的反射和折射。因此，用声波仪器探测声波在岩土介质中的传播速度、振幅及频谱特征等，便可推断被测岩土介质的结构和致密完整程度，从而对其做出评价。

二、声波仪器

声波仪器主要由发射系统和接收系统两个部分组成。发射系统包括发射机和发射换能器，接收系统由接收机、接收换能器，以及用于数据记录和处理用的微机组成。发射机是一种声源信号发生器。其主要部件为振荡器，由它产生一定频率的电脉冲，经放大后由发射换能器转换成声波，并向岩体辐射。

电声换能器是一种实现声能和电能相互转换的装置。其主要元件是压电晶体。压电晶体具有独特的压电效应，将一定频率的电脉冲加到发射换能器的压电晶片时，晶片就会在其法向或径向产生机械振动，从而产生声波，并向介质中传播。晶片的机械振动与电脉冲是可逆的。接收换能器接收岩体中传来的声波，使压电晶体发生振动，从而在其表面产生一定频率的电脉冲，并送到接收机内。

根据测试对象和工作方式的不同，电声换能器也有多种型号和式样，如喇叭式、增压式、弯曲型、测井换能器和检波换能器等。

接收机可以将接收换能器接收到的电脉冲进行放大，并将声波波形显示在荧光屏上，通过调整游标电位器，可在数码显示器上显示波至时间。若将接收机与微机连接，则可对声波信号进行数字处理，如频谱分析、滤波、初至切除、计算功率谱等，并可通过打印机输出原始记录和成果图件。

三、工作方法

岩体声波探测的现场工作，应根据测试的目的和要求，合理地布置测网，确定装置距离，选择测试的参数和工作方法。

测网的布置应选择有代表性的地段，力求以最少的工作量解决较多的地质问题。测点或观测孔一般应布置在岩性均匀、表面光洁，且无局部节理、裂隙的地方，以避免介质不均匀对声波的干扰。装置的距离要根据介质的情况、仪器的性能及接收的波形特点等条件而定。由于纵波较易识读，因此目前主要是利用纵波进行波速的测定。在测试中，最常用的是直达波法（直透法）和单孔初至折射波法（一发二收或二发四收）。反射波法目前仅用于井中的超声电视测井和水上的水声勘探。

四、滑坡、塌陷等灾害监测

滑坡、塌陷等灾害的监测是采用被动式的声波探测技术，即利用岩体受力变形或断裂时产生的声发射。岩体受力而发生变形或断裂时，以弹性波形式释放应变能的现象称为声发射。如果释放的应变能足够大，就会产生听得见的声音。在滑坡、塌陷等灾害发生前夕，由于微裂隙的产生而释放出应变能，这种应变能随裂隙的增多和扩张而增大，利用地音仪对岩体进行监测，就能预报滑坡、塌陷等灾害。

声发射现象的研究包括两个方面的内容：一是研究岩体声发射信号的时间序列和声发射源的空间分布，即声波的运动学特征；二是研究声发射信号的频谱与岩体变形及破坏特征的关系，即声波的动力学特征。

利用声发射研究岩体的稳定性，一般是利用地音仪记录声发射的频度等参数作为岩体失稳的判断指标。所谓频度是表示单位时间内所记录的能量超过一定阈值（背景噪声）的声发射次数，以 N 表示。

第五节 层析成像

一、弹性波层析成像

弹性波层析成像技术是一种较新的物探方法，通过弹性波在不同介质中传播的若干射线束，在探测范围内部构成切面，根据切面上每条穿过探测区的地震波初至信号的射线物性参数的变化，在计算机上通过不同的数学处理方法重建图像，结合其物理力学性质的相关分析，采用射线走势和振幅来重建介质内部声速值及衰减系数的场分布，并通过像素、色谱、立体网格的综合展示，直观反映岩土体及混凝土结构物的内部结构。弹性波层析成像主要用于岩土体及混凝土结构物的无损检测领域，以及矿产勘探和环境工程地质勘探。

（一）弹性波层析成像原理

弹性波层析成像技术是利用某一探测系统，通过弹性波在不同介质中传播的若干射线束，在探测范围内部构成切面，根据切面上每条穿过探测区的地震波初至信号的射线物性参数的变化，在计算机上通过数学处理进行图像重建。这种重建探测区内波速度场的分布，可确定介质内部异常体的位置，重现物体内部物性或状态参数的分布图像，从而对被测物体进行分类和质量评价。

（二）声波层析成像的工作方法

弹性波检测最常用的发射波是声波和地震波，而声波检测是工程物探的重要手段之一，这里主要对声波层析成像方法进行介绍。声波层析成像技术是利用声波穿透被检测体并获取声波接收时间，经过计算机反演成像，呈现被检测体各微小单元的声波速度分布图像，进而判断检测体的质量。这种方法具有精度高、异常点位置定位准确的特点。

目前常用的方法有以下几种，下面分别介绍各种方法的特点、适用条件及应用范围。

1. 透射波法

透射波法是一种简单且效果较好的探测方法。采用透射波法发射，接收换能器机电相互转换效率高，因而在混凝土中的穿透能力相对较强，传播距离相对较长，可以扩大探测范围。透射波法获得的波形单纯、清楚、干扰较小，初至清晰，各类波形易于辨认。透射波法要求发射探头和接收探头之间的距离必须能够准确测量，否则计算出来的误差值较大，反而会影响测量的精度。具体来说，应用透射波的测试方法有同侧直达波法、对穿直透法等。

2.反射波法

声波在岩土体中传播时，遇到波阻抗面时，都将发生反射和透射现象，当几个波阻抗面同时存在时，则在每个界面上都将发生反射和透射。这样在岩土体表面就可以观测到一系列依次到达的反射波。反射波分辨率最好的位置是在发射探头附近，发射点接收探头距离过大，则往往使之浅层反射波振动，严重干扰下层的反射波，这时的波形图将是复杂而无法分辨的。由于工程结构的特殊性，很多工程只有一个工作面，无法利用对穿法或透射法进行检测，而反射波法正好弥补了这一缺陷。这时，弹性波的反射和接收都在一个工作表面上，因此，该法已成为工程结构混凝土检测（如低应变动力检测混凝土灌注桩）的重要方法。

3.折射波法

当混凝土受到激发时产生的弹性波，在混凝土内部传播中遇到下伏混凝土的声速大于正在传播的介质速度时，则将产生全反射的现象。这时，在混凝土表面上可接收到沿着高速层界面滑行来的折射波，根据模型试验和理论研究证实，折射波在两种介质速度差不超过 5%~10% 时，可以得到最大的强度。

钻孔声波测试作为工程物探常用方法之一，已广泛应用于工程勘察及现场检测工作中。施测过程是利用发射换能器发射的超声波，通过井液向周围传播，在孔壁岩体间产生透射、反射、折射，其折射波以岩体波速沿孔壁滑行。这样，两个接收换能器就接收到了沿孔壁滑行的折射波。

二、电磁波层析成像

电磁波层析成像又称为无线电波透视法。这种方法来源于医学中常用的 CT 技术，即所谓的计算机层析成像技术，它属于投影重建图像的应用技术之一，其数学理论基于 Radon 变换与 Radon 逆变换，即根据在物体外部的测量数据，依照一定的物理和数学关系反演物体内部物理量的分布，并由计算机以图像形式显示高新技术。

相对而言，电磁波在地质层析中的应用并没有地震波那么广泛，这与电磁波的特性有关，主要受以下因素影响：首先，电磁波在地层介质中衰减较快，可探测的间距相对较小；其次，电磁波传播速度比声波更快，使得准确测量电磁波走时难以实现；最后，地层中电性参数与岩性间关系复杂，增加了解释的难度。尽管如此，电磁层析成像技术也有其独特的优势和作用：首先，电磁波分辨率较高；其次，因为地层中流体与电磁波的密切关系，在解决相关问题时电磁波层析成像有着显著的价值。

电磁波层析成像按工作方式可以分为电磁波走时层析成像技术、电磁波衰减系数层析成像技术和电磁波相位层析成像技术三种。目前，国内电磁波层析成像技术研究主要集中在电磁波走时层析成像和电磁波衰减系数层析成像两种技术方法上，研究成果相对较丰富，而在电磁波相位层析成像技术方面研究比较薄弱。

1. 电磁波走时层析成像技术

电磁波走时层析成像技术，是根据电磁波的走时来反演被测物体内部的电磁波慢度分布的技术方法。数学上可以把其视为平面上一个函数沿射线的积分，这里的函数即为慢度函数，其相应的层析成像基础为 Radon 变换与 Radon 逆变换。该方法最早由澳大利亚数学家 J.Radon 在 1917 年提出。

电磁波走时层析成像技术与声波层析成像技术的原理相似，观测数据是波的走时，反演成像参数是波的慢度（慢度是速度的倒数），成像公式为慢度函数沿射线的积分公式。电磁波走时层析成像技术与声波层析成像技术的不同点在于电磁波在介质中的传播速度比声波快。另外，电磁波速度与岩性的函数关系比声波速度和岩性的函数关系更复杂，甚至电磁波速度与岩层中的流体关系更密切。

电磁波走时层析成像技术的正演方法有两种：一种是基于射线理论的层析成像正演方法，它忽略电磁波的波动学特征，把电磁波在介质中近似地看作直线传播；另一种是基于散射理论的层析成像正演方法，其比起射线理论在电磁波频域上的高频近似，考虑了电磁波更大的频域范围。基于射线理论的层析成像正演方法在算法上已相当成熟，一般在应用中多把电磁波在介质中近似地看作直线传播。

2. 电磁波层析成像的反演与图像重建技术

电磁波层析成像的反演与图像重建技术可分为两大类：一类为基于傅里叶变换或 Radon 逆变换的方法；另一类为代数方法。后者又分为矩阵反演法和迭代重建法。第一类算法以积分变换为基础，当发射源与接收器排列规则时，该方法具有优势。代数方法则不受发射源与接收器排列的限制，并且以解线性方程组为基础，因此目前地下物探层析技术多使用代数重建技术。

代数方法又分为矩阵反演法和迭代重建法。属于矩阵反演的算法有奇异值分解法（SVD）、最小二乘共轭梯度法（LSCG）、最小二乘矩阵分解法（LSQR）等。属于迭代重建的有代数重建法（ART）、联合迭代重建算法（SIRT）、M-SIRT算法等。

当此残差大于预设的误差级别，得到新的图像模型后计算其投影数据，再次求取实际观测投影数据差。如此多次重复，直到图像模型的理论计算投影数据与实际观测投影数据差满足给定的收敛条件为止。在物探层析成像中较早与较常用的有 ART 算法，它是一种解方程组的迭代技术，被率先应用于地球物理，并逐渐推广应用。它的主要特点是：每一次迭代只用到一条测线信息，即矩阵方程组中矩阵中的一行，所以所需要的内存很少；对于超定与欠定方程可以直接求解；因为反演方程的解非唯一性，需要找尽量多的已知条件。该方法的缺点是收敛性较差，并且比较依赖于初值的选择。SIRT 算法在电磁层析成像中的使用也比较普遍，与 ART 的具体不同点在于，ART 是对测线逐条修改，而 SIRT 是求出所有测线的修正值后再确定某一像素的平均修正值。SIRT 算法的收敛性相对较好，但是其内存使用率也较高。M-SIRT 算法是在 SIRT 算法的基础上，对修正值的选择改为中间值或加权平均值，相对提高了分辨率与抗噪声能力。

在矩阵反演算法中，最小二乘共轭梯度法（LSCG）属于正交投影法，其结果的最小残差比 SIRT 小，故精度要比 SIRT 高，其计算量与 SIRT 相当，但要求机器的内存比 SIRT 要大，因为它需要存储矩阵的所有非零元素。最小二乘矩阵分解法（LSQR）是对 LSCG 的改进，可用于非对称的最小二乘问题，其用 LSQR 因子分解法作正交投影变换。此法计算量及内存要求与 LSCG 基本相同，但在处理病态的方程组时则要比 LSCG 稳定。正则化 LSQR 方法则是在 LSQR 中增加了正则化因子，减少了解估计对数误差的敏感性，但其计算量比 LSQR 稍多。SVD 的特点是将方程组系数矩阵接近于"零"的特征值"截去"，优点是近似解较稳定，缺点是计算量较大。最大熵法的原理是以取图像 f（x，y）的熵极大为准则，并以数据方程为约束条件求出关于 f（x，y）的解。它的分辨率比 ART 高，可以在一定程度上抑制数据误差，但其计算量比较大，抗噪声能力低。

所谓定点发射工作方式就是发射机在某个深度固定，在另一钻孔中的接收机上、下移动检测发射机传来的信号。定点接收则与上述相反，发射机移动发射，接收机固定检测。同步扫描工作方式是将发射机和接收机在两个钻孔中保持同步移动，高差为零时是水平同步，高差不为零时是斜同步。在实际观测中，要遵循均匀性原则，即对观测区域的扫描要尽可能地均匀。由于能采集到的数据很有限，往往使得反演中用到的矩阵方程组为欠定型，而欠定型矩阵数据又会使重建的图像质量变差，所以一般采用增加覆盖次数（包括交换发射孔与接收孔来增加覆盖次数）和加密测点间距等措施增加数据量的办法来提高成像质量。而且由于大多数电磁层析成像在应用时都是横向探测，这样就缺失了垂直方向的投影数据，导致水平分辨率的降低，在探测区域的上、下两侧有可能出现虚假异常，因此，在进行 CT 图像的地质推断解释时只有综合判断，才能得出正确的结果。

第六节　综合测井

一、电测井

电测井是以研究岩石导电性、介电性和电化学活动性为基础的一类测井方法。工程、水文及环境地质中常用的方法有自然电位测井和视电阻率测井。

（一）自然电位测井

在井孔及其周围，岩层自身的电化学活动性会产生自然电场。利用自然电场的变化来研究钻孔地质情况的电测井方法，就是自然电位测井。

将测量电极 M 放入井中，另一个测量电极 N 固定在井口附近，然后提升 M，并在地面上用仪器记录 M 极电位相对于 N 极电位（恒定值）的差值，逐点测定就可以得到一条自然电位随深度变化的曲线。

在自然电场法中，我们已经知道，自然电场的成因主要有岩石与溶液的氧化还原作用、岩石颗粒对离子的选择吸附作用及不同浓度溶液间的扩散作用等。下面我们只讨论与水文测井最密切的扩散电动势和扩散吸附电动势的形成机理。

（二）视电阻率测井

视电阻率测井是通过测量被钻孔穿过的岩层视电阻率来研究某些钻孔地质问题的电测井方法。

1. 视电阻率测井

与地面电阻率法一样，视电阻率测井也是以研究岩石电阻率的差异为基础的。

2. 电极系

视电阻率测井常用的电极系一般均由 3 个电极组成。其中两个电极连接在同一供电或测量回路中，称为成对电极。另一个与地面电极同一回路，称为不成对电极。根据成对电极和不成对电极的相互关系，可将电极系分为梯度电极系和电位电极系两类。

二、声波测井

声波测井是地球物理测井的一种，它利用声波在钻井中传播的各种规律来研究钻井剖面。由于声波测井仪发射的声波频率一般都大于音频，故又称为超声测井。

声波测井的方法较多，在工程地质勘察中应用最多的是声速测井。声速测井的仪器目前有单发射双接收式（"一发两收"式）和井眼补偿式（"两发四收"式）两种。

三、放射性测井

放射性测井是指在井中测量岩石和孔隙流体的核物理性质（如物质的天然放射性、人工核反应等）的一类物探方法。与其他测井方法相比，其具有以下两个重要特点：一是由于放射性核素的衰变不受温度、压力、电磁场及自身化学性质的影响，因此可以直接、更本质地研究岩石的物理性质；二是放射性测井使用的 γ 射线及中子流等具有较强的穿透能力，因此它们在裸眼井或套管井、充满淡水的井或充满高矿化泥浆的井中都能进行测量。

四、超声电视测井

超声电视测井采用旋转式超声换能器，对井眼四周进行扫描，并记录回波波形。岩石声阻抗的变化会引起回波幅度的变化，井径的变化会引起回波传播时间的变化。将测量的反射波幅度和传播时间按井眼内 360° 方位显示成图像，就可对整个井壁进行高分辨率成像，由此可看出井下岩性及几何界面的变化（包括冲蚀带、裂缝和孔洞等）。

目前具有代表性的超声成像测井仪器有斯仑贝谢公司的超声波成像测井仪（USI）和超声井眼成像仪（UBI）、阿特拉斯公司的井周声波成像测井仪（CBIL）、哈里伯顿公司的井周声波扫描仪（CAST-V）、国内华北油田公司的井下电视仪等。

（一）测量原理

超声成像测井的声源是圆片状压电陶瓷。可以将声源的声场看成是圆片上无限多个点声源产生声场叠加的结果。通常定义声压幅度值衰减为声轴方向中声压幅度 70%（-3 dB）方向的角度。这一角度对应的波场宽度又称为二分贝射束宽度，这一参数反映了超声成像的空间分辨率。换能器设计的原则是尽可能地使更多的能量汇集在一块较小的面积内。发射信号的性质主要取决于换能器的直径和频率。影响超声波衰减和成像分辨率的主要因素有以下几个。

（1）工作频率。换能器的形状、频率以及与目的层的距离决定声束的光斑大小。尺寸越小，频率越高，则光斑越小。但是，尺寸越小，功率就越小；频率越高，声波衰减就越大。泥浆引起的声波衰减会降低信号分辨率，要求工作频率尽可能低，然而降低频率会对测量结果的空间分辨率产生不利影响。

（2）井内泥浆。井内泥浆由泥浆的固有吸收和固相颗粒（或气泡）散射衰减两个部分组成。泥浆密度越大，声波衰减越大，探测灵敏度则下降。

（3）测量距离。

（4）目的层的表面结构。不同类型岩石具有不同的表面结构，如钻井过程造成的非自然表面结构。

（5）目的层的倾角。在仪器居中不好或井眼不规则时，图像中呈现出遮掩显著特征的垂直条纹。

（6）岩石的波阻抗差异。

（二）图像处理方法

图像处理方法包括可供用户选样的数据显示、传播时间和反射波幅度剖面图的绘制，进行图像增强、计算地层倾角、确定裂缝方位及进行频率分析等。图像增强通过用平衡滤波器来改善低振幅的黑暗部分，使用清晰滤波器突出近似水平或近似垂直的特征，从而使整个图像的明暗度得到有效的调整，使得薄夹层显露出来。由频率分析可确定出某一井段上的层理面、裂缝、孔洞和冲蚀层段的数目。此外，可用所得到的地层方位玫瑰图来确定层理面或裂缝系统的主要方向。提高图像的垂向分辨率则受技能器性能、扫描旋转速度以及测井速度等因素的制约。

（三）应用

井眼声波成像资料主要有以下几个方面的用途。

（1）360°空间范围内的高分辨率井径测量，可分析井眼的几何形状，推算地层应力的方向。

（2）确定地层厚度和倾角。

（3）利用传播时间图和反射波幅度图可探测裂缝。

（4）进行地层形态和构造分析。

（5）对井壁取芯进行定位。

（6）通过测量套管内径和厚度变化来检查套管腐蚀及变形情况。

（7）进行水泥胶结评价。

第七节　物探方法的综合应用

一、地基土勘测的物探方法

物探方法在地基土勘测中主要用来查明施工场地及外围的地下地质情况，对地基土进行详细的分层，测定土的动力学参数，提供地基土的承载力等。目前最常用的物探方法是弹性波速原位测试方法中的检层法和跨孔法。就测量剪切波而言，检层法是测量竖直方向上水平波动的 SH 波，而跨孔法是测量水平方向的 SV 波。理论上对于同一空间点 SH 波与 SV 波的波速应是相同的，但在实际测试过程中，由于检层法带有垂直方向的平均性，而跨孔法带有水平方向的平均性，因此两者实测结果并不完全相同，一般 SV 波的速度稍大于 SH 波的速度。由于水平传播的弹性波有利于测定多层介质的各层速度，因此需精确测定各层参数时，应采用跨孔法。

二、岩体的波速测试

岩体通常是非均质的和不连续的集合体（地质体）。不同的岩性具有不同的物理性质，如基性岩和超基性岩的弹性波速度最高，达 6 500~7 500 m/s；酸性火成岩稍低一些；沉积岩中灰岩最高，往下依次是砂岩、粉砂岩、泥质板岩等。目前岩体测试广泛采用地震学方法，一个重要原因就是速度值与岩石的性质和状态之间存在着依赖关系。这种依赖关系可用来进行岩体结构分类、岩体质量评价、岩体风化带划分，以及评价岩体破裂程度、裂隙度、充水量和应力状态等。

（一）岩体的工程分类及断层带

岩体工程分类的目的在于预测各类岩体的稳定性，进行工程地质评价。根据地球物理调查研究结果，将岩体划分为具一定地球物理参数不同水平和级别的块体及岩带。例如，一巷道为花岗岩体，构造断裂发育，岩石破碎。新鲜完整岩体纵波速度为 5 000~5 500 m/s，横波速度为 3 000 m/s，动弹性模量为 39.2×10^9 Pa。通过声波测试及地质分析可将巷道分为 3 段：第一段为巷道进口处断层风化岩体，本段纵波平均速度为 2 000 m/s，岩体岩石波速比 0.4，岩体完整系数 0.16；第二段为裂隙发育的块状岩体夹破碎岩体，全段纵波速度平均值为 3 000 m/s，岩体岩石波速比 0.6，岩体完整系数 0.36；第三段为节理发育的块状岩体，纵波平均波速为 4 000 m/s，岩体岩石波速比 0.8，完整系数 0.64，本段岩体稳定性较好。由此可见，第一段岩体工程地质特性较差，而第三段岩体工程地质特性较好。在长江下游某穿江工程勘测中，选用了多种方法（地震折射波法、反射波法、直流电测深法、电剖面法、水底连续电剖面法和电磁剖面法）进行综合物探调查。实际工作中，要求查明破碎带宽度大于 3 m 的断层位置和产状，划分地层界线并对断层活动性做出评价。通过江面上地震反射波法时间剖面，可识别第三纪（古近纪＋新近纪）地层的构造轮廓和江底由第四系上新统至第三系全部地层剖面。反射波组为单斜构造，倾角较缓，反射波组同相轴图像连续，反映了无断裂的构造地质形态。

（二）风化带划分

通常岩石越风化，其孔隙率和裂隙率越高，造岩矿物变为次生矿物的比例越大，性质越软弱，地震波传播的速度也越小。因此人们可以利用测定特征波的波速对风化带进行分层。

（三）岩体裂隙定位

一般岩体裂隙定位有两种情况，一种是在探洞、基坑或露头上已见到一些裂隙，要求在钻孔中予以定位；另一种则是在岩石上未见到，但要求预测钻孔在不同深度上是否存在显著的裂隙或软弱结构面。这对于岩体加固，尤其是预应力锚索很重要。超声波法、声波测井、地震剖面法等已成功地应用于定量研究评价裂隙性。根据这些方法的测量结果，可以取得覆荒地区岩石裂隙发育程度的定量特性，而在钻井中可取得包括破碎岩段和通常无法用岩芯研究的构造断裂带在内的全剖面裂隙特征。

（四）岩体动态参数的测试

在大多数工程地质参数之间以及地震参数与工程地质参数之间存在着相互依赖的关系，从而使应用地震学方法对工程地质参数（如静弹性模量、动弹性模量、动剪切模量、泊松比、岩体孔隙裂隙度等）进行估算成为可能。根据测定岩体的纵波速度 Vp 和横波速度 Vs，可计算出动弹性模量 cm、动剪切模量 Gm 和动泊松比 om。

在一些工程设计中，如核电站的抗震设计及各种建筑物、重大设备及辅助设施的设计中，一般均要求提供岩石的动态特性参数。在秦山核电站岩基工程中，为了进行现场地震法测试，在反应堆部位取边长为 18.5 m 的等边三角形顶点布置 3 个钻孔，采用跨孔地震法、跨孔声波测试法、单孔声波法等进行测试，测试深度达 100 m。

根据单孔声波测试获得的波速低值区位置，进一步查明了岩体内相对软弱带的规模和分布情况。根据钻探和单孔声波测试结果，将反应堆安全壳基础下的岩体划分为 13 个区域。利用跨孔地层法和跨孔声波法测定各个区域的岩体动态参数。

（五）岩体及灌浆质量评价

岩体质量评价主要包括两方面内容：岩体强度和变形性。岩体强度是岩体稳定性评价的重要参数，但对现场岩体进行抗压强度测试，目前是很困难的；岩体变形特性和变形量大小，主要取决于岩体的完整程度。对现场岩体进行变形特性试验，工程地质通常采用千斤顶法、狭缝法等静力法，这些方法不可能大量做。由于岩体强度特性和变形特性与弹性波速度 Vp 及 Vs 有关，故可用地震法或声波法，在岩体处于天然状态条件下进行观测，确定现场岩体的强度特性和变形特性，并可大范围地反映岩体特性。根据测得的岩体波速，即可计算出岩体的动弹性模量、动剪切模量等参数。

目前国内外常用的岩体质量评价方法有巴顿法、比尼可夫斯基法、谷德振岩体质量系数 Z 法等。岩体结构和岩体质量是对应的，整块、块状结构为优质岩体，碎裂结构为差岩体，其他居中。

但在工程中常常因为天然状态下的岩体强度不够，表现出很高的孔隙度、裂隙度和变形程度，需要人为地改善这些性质。如对有裂隙的坚硬岩体，一般采用加固灌浆的方法，即在高压下对一些专门用来加固的钻孔压入水泥灰浆，人为地改善它的结构性能。水泥渗透到空隙和裂隙内，经过一段时间的凝固，结果形成了较大块的岩体。由此，可以提高岩体的各种应变指标，减少或完全防止加固地段承压水的渗透。这样也就需要对人为改善岩体性质的岩体进行质量检验。

第六章　特殊性岩土的岩土工程勘察与评价

随着我国经济改革的进一步深入，勘察市场竞争越来越激烈，不少勘察单位由于种种原因不愿意购置先进设备，低价中标使许多勘察单位不愿意采用先进手段和先进设备，造成目前许多勘察单位的勘察技术进步有停滞不前的趋势，许多与工程密切相关的课题得不到解决，土样取样的真实性及原位测试的广泛应用是促使勘察工作进步的基础，离开第一手资料的真实性和准确性，之后所做的一切勘察工作都是毫无意义的。

岩土工程勘察是工程建设当中至关重要的一个过程，其勘察成果的质量直接影响着整个建筑物的工程安全和工程造价。因此，如何做好岩土工程勘察工作是人们关注的主要问题。

第一节　黄土和湿陷性土

一、湿陷性黄土

湿陷性黄土是一种非饱和的欠压密土，具有大孔和垂直节理，在天然湿度下，其压缩性较低，强度较高，但遇水浸湿时，土的强度显著降低，在附加压力或在附加压力与土的自重压力下引起的湿陷变形，是一种下沉量大、下沉速度快的失稳性变形，对建筑物危害性大。

我国湿陷性黄土主要分布在山西、陕西、甘肃的大部分地区，河南西部和宁夏、青海、河北的部分地区，此外，新疆维吾尔自治区、内蒙古自治区和山东、辽宁、黑龙江等省，局部地区亦分布有湿陷性黄土。

在湿陷性黄土场地进行岩土工程勘察，应结合建筑物功能、荷载与结构等特点和设计要求，对场地与地基做出评价，并就防止、降低或消除地基的湿陷性提出可行的措施建议。应查明下列内容。

（1）黄土地层的时代、成因。

（2）湿陷性黄土层的厚度。

（3）湿陷系数、自重湿陷系数和湿陷起始压力随深度的变化。

（4）场地湿陷类型和地基湿陷等级的平面分布。

（5）变形参数和承载力。

（6）地下水等环境水的变化趋势。

（7）其他工程地质条件。

二、湿陷性土

湿陷性土在我国分布广泛，除常见的湿陷性黄土外，在我国干旱和半干旱地区，特别是在山前洪、坡积扇（裙）中常遇到湿陷性碎石土、湿陷性砂土和其他湿陷性土等。这种土在一定压力下浸水也常呈现强烈的湿陷性。由于这类湿陷性土的特殊性质不同于湿陷性黄土，在评价方面尚不能完全沿用我国现行国家标准的有关规定。

这类非黄土的湿陷性土的勘察评价首先要判定是否具有湿陷性。当这类土不能如黄土那样用室内浸水压缩试验，在一定压力下测定湿陷系数 δ_s 并以 δ_s 值等于或大于 0.015 作为判定湿陷性黄土的标准界限时，规范规定：采用现场浸水载荷试验作为判定湿陷性土的基本方法，在 200 kPa 压力下浸水载荷试验的附加湿陷量与承压板宽度之比等于或大于 0.023 的土，应判定为湿陷性土。

湿陷性土场地勘察，除应遵守一般建筑场地的有关规定外，尚应符合下列要求。

（1）有湿陷性土分布的勘察场地，由于地貌、地质条件比较特殊，土层产状多较复杂，所以勘探点间距不宜过大，应按一般建筑场地取小值。对湿陷性土分布极不均匀场地应加密勘探点。

（2）控制性勘探孔深度应穿透湿陷性土层。

（3）应查明湿陷性土的年代、成因、分布和其中的夹层、包含物、胶结物的成分和性质。

（4）湿陷性碎石土和砂土，宜采用动力触探试验和标准贯入试验确定力学特性。

（5）不扰动土试样应在探井中采取。

（6）不扰动土试样除测定一般物理力学性质外，尚应做土的湿陷性和湿化试验。

（7）对不能取得不扰动土试样的湿陷性土，应在探井中采用大体积法测定密度和含水量。

（8）对于厚度超过 2 m 的湿陷性土，应在不同深度处分别进行浸水载荷试验，并应不受相邻试验的浸水影响。

第二节　红黏土

一、红黏土地基勘察的基本要求

（一）工程地质测绘的重点内容

红黏土地区的工程地质测绘和调查，是在一般性的工程地质测绘基础上进行的，其内容与要求可根据工程和现场的实际情况确定。下列五个方面的内容宜着重查明，工作中可以灵活掌握，有所侧重或有所简略。

（1）不同地貌单元红黏土的分布、厚度、物质组成、土性等特征及其差异。

（2）下伏基岩岩性、岩溶发育特征及其与红黏土土性、厚度变化的关系。

（3）地裂分布、发育特征及其成因，土体结构特征，土体中裂隙的密度、深度、延展方向及其发育规律。

（4）地表水体和地下水的分布、动态及其与红黏土状态垂向分带的关系。

（5）现有建筑物开裂原因分析，当地勘察、设计、施工经验，有效工程措施及其经济指标。

（二）勘察工作的布置

1. 勘探点间距

由于红黏土具有垂直方向状态变化大、水平方向厚度变化大的特点，故勘探工作应采用较密的点距，查明红黏土厚度和状态的变化，特别是土岩组合的不均匀地基。初步勘察勘探点间距宜按一般地区复杂场地的规定进行，取 30~50 m；详细勘察勘探点间距，对均匀地基宜取 12~24 m，对不均匀地基宜取 6~12 m，并沿基础轴线布置。厚度和状态变化大的地段，勘探点间距还可加密，应按柱基单独布置。

2. 勘探孔的深度

红黏土底部常有软弱土层，基岩面的起伏也很大，故各阶段勘探孔的深度不宜单纯根据地基变形计算深度来确定，以免漏掉对场地与地基评价至关重要的信息。对于土岩组合不均匀的地基，勘探孔深度应达到基岩，以便获得完整的地层剖面。

3. 施工勘察

当基础方案采用岩石端承桩基、场地属有石芽出露的Ⅱ类地基或有土洞需查明时应进行施工勘察，其勘探点间距和深度根据需要单独确定，确保安全需要。

对Ⅱ类地基上的各级建筑物，基坑开挖后，对已出露的石芽及导致地基不均匀性的各种情况应进行施工验槽工作。

4. 地下水

水文地质条件对红黏土评价是非常重要的因素，仅仅通过地面的测绘调查往往难以满足岩土工程评价的需要。当岩土工程评价需要详细了解地下水埋藏条件、运动规律和季节变化时，应在测绘调查的基础上补充进行地下水的勘察、试验和观测工作。

5. 室内试验

红黏土的室内试验除应满足一般黏性土试验要求外，对裂隙发育的红黏土应进行三轴前切试验或无侧限抗压强度试验。必要时，可进行收缩试验和复浸水试验。当需评价边坡稳定性时，宜进行重复剪切试验。

二、红黏土地基的岩土工程评价

（一）地基承载力的确定

红黏土承载力的确定方法，原则上与一般土并无不同。应特别注意的是，红黏土裂隙的影响及裂隙发展和复浸水可能使其承载力下降。过去积累的确定红黏土承载力的地区性成熟经验，应予充分利用。

当基础浅埋、外侧地面倾斜、有临空面或承受较大水平荷载时，应结合以下因素，尽可能选用符合实际的测试方法综合考虑确定红黏土的承载力。

（1）土体结构和裂隙对承载力的影响。

（2）开挖面长时间暴露，裂隙发展和复浸水对土质的影响。

（二）红黏土的岩土工程评价

红黏土的岩土工程评价应符合下列要求。

（1）建筑物应避免跨越地裂密集带或深长地裂地段。

地裂是红黏土地区的一种特有的现象。地裂规模不等，长可达数百米，深可延伸至地表下数米，所经之处地面建筑无一不受损坏。故评价时应建议建筑物绕避地裂。

（2）轻型建筑物的基础埋深应大于大气影响急剧层的深度；炉窑等高温设备的基础应考虑地基土的不均匀收缩变形；开挖明渠时应考虑土体干湿循环的影响；在石芽出露的地段，应考虑地表水下渗形成的地面变形。

（3）选择适宜的持力层和基础形式，在充分考虑各种因素对红黏土性质影响的前提下，基础宜浅埋，利用浅部硬壳层，并进行下卧层承载力的验算；不能满足承载力和变形要求时，应建议进行地基处理或采用桩基础。

红黏土中基础埋深的确定可能面临矛盾。从充分利用硬层，减轻下卧软层的压力而言，宜尽量浅埋；但从避免地面不利因素影响而言，又必须深于大气影响急剧层的深度。评价时应充分权衡利弊，提出适当的建议。如果采用天然地基难以解决上述矛盾，则宜放弃天然地基，改用桩基。

（4）基坑开挖时宜采取保湿措施，边坡应及时维护，防止失水干缩。

第三节　软土

天然孔隙比大于或等于1.0，且天然含水量大于液限的细粒土应判定为软土，包括淤泥、淤泥质土、泥炭、泥炭质土等。淤泥为在静水或缓慢的流水环境沉积，并经生物化学作用形成，其天然含水量大于液限，天然孔隙比大于或等于1.5的黏性土。当天然含水量大于液限而天然孔隙比小于1.5但大于或等于1.0的黏性土或粉土为淤泥质土。泥炭和泥炭质土中含有大量未分解的腐殖质，有机质含量大于60%的为泥炭，有机质含量10%~60%的为泥炭质土。

一、软土的成分和结构特征

软土是在水流不通畅、缺氧和饱水条件下形成的近代沉积物，物质组成和结构具有一定的特点。粒度成分主要为粉粒和黏粒，一般属黏土或粉质黏土、粉土。其矿物成分主要为石英、长石、白云母及大量蒙脱石、伊利石等黏土矿物，并含有少量水溶盐，有机质含量较高，一般为 6%~15%，个别可达 17%~25%。淤泥类土具有蜂窝状和絮状结构，疏松多孔，具有薄层状构造。厚度不大的淤泥类土常是淤泥质黏土、粉砂土、淤泥或泥炭交互成层或呈透镜体状夹层。

二、软土勘察的基本要求

（一）软土勘察的重点

软土勘察除应符合常规要求外，从岩土工程的技术要求出发，对软土的勘察应特别注意查明下列内容。

（1）软土的成因、成层条件、分布规律、层理特征，水平与垂直向的均匀性、渗透性，地表硬壳层的分布与厚度，可作为浅基础、深基础持力层的地下硬土层或基岩的埋藏条件与分布特征；特别是对软土的排水固结条件、沉降速率、强度增长等起关键作用的薄层理与夹砂层特征。

（2）软土地区微地貌形态与不同性质的软土层分布有内在联系，查明微地貌，旧堤，堆土场，暗埋的塘、浜、沟、穴，填土，古河道等的分布范围和埋藏深度，有助于查明软土层的分布。

（3）软土固结历史，强度和变形特征随应力水平的变化，以及结构破坏对强度和变形的影响。

软土的固结历史，确定是欠固结、正常固结还是超固结土，是十分重要的。先期固结压力前后变形特性有很大不同，不同固结历史的软土的应力应变关系有不同特征；要很好地确定先期固结压力，必须保证取样的质量；另外，应注意灵敏性黏土受扰动后，结构破坏对强度和变形的影响。

（4）地下水对基础施工的影响，地基土在施工开挖、回填、支护、降水、打桩和沉井等过程中及建筑使用期间可能产生的变化、影响，并提出防治方案及建议。

（5）在强地震区应对场地的地震效应做出鉴定。

（6）当地的工程经验。

（二）勘察方法及勘察工作量布置

软土地区勘察勘探手段以钻探取样与静力触探相结合为原则；在软土地区用静力触探孔取代相当数量的勘探孔，不仅可以减少钻探取样和土工试验的工作量，缩短勘察周期，而且可以提高勘察工作质量；静力触探是软土地区十分有效的原位测试方法；标准贯入试验对软土并不适用，但可用于软土中的砂土、硬黏性土等。

勘探点布置应根据土的成因类型和地基复杂程度确定。当土层变化较大或有暗埋的塘、浜、沟、坑、穴时应予加密。

对勘探孔的深度，不要简单地按地基变形计算深度确定，而宜根据地质条件、建筑物特点、可能的基础类型确定；此外还应预计到可能采取的地基处理方案的要求。

软土取样应采用薄壁取土器。

软土原位测试宜采用静力触探试验、旁压试验、十字板剪切试验、扁铲侧胀试验和螺旋板载荷试验。静力触探最大的优点在于精确的分层，用旁压试验测定软土的模量和强度，用十字板剪切试验测定内摩擦角近似为零的软土强度，实践证明是行之有效的。扁铲侧胀试验和螺旋板载荷试验，虽然经验不多，但最适用于软土也是公认的。

（三）软土的力学参数的测定

软土的力学参数宜采用室内试验、原位测试并结合当地经验确定。有条件时，可根据堆载试验、原型监测及分析确定。抗剪强度指标室内宜采用三轴试验，原位测试宜采用十字板剪切试验。压缩系数、先期固结压力、压缩指数、回弹指数、固结系数，可分别采用常规固结试验、高压固结试验等方法确定。

试验土样的初始应力状态、应力变化速率、排水条件和应变条件均应尽可能模拟工程的实际条件。对正常固结的软土应在自重应力下预固结后再做不固结不排水三轴剪切试验。试验方法及设计参数的确定应针对不同工程，符合下列要求。

（1）对于一级建筑物应采用不固结不排水三轴剪切试验；对于其他建筑物可采用直接剪切试验。对于加、卸荷快的工程，应做快剪试验；对渗透性很低的黏性土，也可做无侧限抗压强度试验。

（2）对于土层排水速度快而施工速度慢的工程，宜采用固结排水剪切试验。

剪切方法可用三轴试验或直剪试验，提供有效应力强度参数。

（3）一般提供峰值强度的参数，但对于土体可能发生大应变的工程应测定其残余抗剪强度。

（4）有特殊要求时，应对软土进行蠕变试验，测定土的长期强度；当研究土对动荷载的反应，可进行动力扭剪试验、动单剪试验或动三轴试验。

（5）当对变形计算有特殊要求时，应提供先期固结压力、固结系数、压缩指数、回弹指数。试验方法一般采用常规（24 h 加一级荷重）固结试验，有经验时，也可采用快速加荷固结试验。

第四节　混合土

由细粒土和粗粒土混杂且缺乏中间粒径的土应定名为混合土。

混合土在颗粒分布曲线形态上反映呈不连续状，主要成因有坡积、洪积、冰水沉积。经验和专门研究表明，黏性土、粉土中的碎石组分的质量只有超过总质量的 25% 时，才能起到改善土的工程性质的作用；而在碎石土中，黏粒组分的质量大于总质量的 25% 时，则对碎石土的工程性质有明显的影响，特别是当含水量较大时。因此规定：当碎石土中粒径小于 0.075 mm 的细粒土质量超过总质量的 25% 时，应定名为粗粒混合土；当粉土或黏性土中粒径大于 2 mm 的粗粒土质量超过总质量的 25% 时，应定名为细粒混合土。

一、混合土勘察的基本要求

（一）混合土工程地质测绘与调查的重点

（1）混合土的成因、物质来源和组成成分以及其形成时期。

（2）混合土是否具有湿陷性、膨胀性。

（3）混合土与下伏岩土的接触情况以及接触面的坡向和坡度。

（4）混合土中是否存在崩塌、滑坡、潜蚀现象及洞穴等不良地质现象。

（5）当地利用混合土作为建筑物地基、建筑材料的经验以及各种有效的处理措施。

（二）勘察的重点

（1）查明地形和地貌特征，混合土的成因、分布，下卧土层或基岩的埋藏条件。

（2）查明混合土的组成、均匀性及其在水平方向和垂直方向上的变化规律。

（三）勘察方法及工作量布置

（1）宜采用多种勘探手段，如井探、钻探、静力触探、动力触探以及物探等。勘探孔的间距宜较一般土地区小，深度则应较一般土地区深。

（2）混合土大小颗粒混杂，除了从钻孔中采取不扰动土试样外，一般应有一定数量的探井，以便直接观察，并应采取大体积土试样进行颗粒分析和物理力学性质测定；如不能取得不扰动土试样时，则采取数量较多的扰动土试样，应注意试样的代表性。

（3）对粗粒混合土动力触探是很好的原位手段，但应有一定数量的钻孔或探井检验。

（4）现场载荷试验的承压板直径和现场直剪试验的剪切面直径都应大于试验土层最大粒径的 5 倍，载荷试验的承压板面积不应小于 0.5 m²，直剪试验的剪切面面积不宜小于 0.25 m²。

（5）混合土的室内试验方法及试验项目除应注意其与一般土试验的区别外，试验时还应注意土试样的代表性。在使用室内试验资料时，应估计由于土试样代表性不够所造成的影响。必须充分估计到由于土中所含粗大颗粒对土样结构的破坏和对测试资料的正确性和完备性的影响，不可盲目地套用一般测试方法和不加分析地使用测试资料。

二、混合土的岩土工程评价

混合土的岩土工程评价应包括下列内容。

（1）混合土的承载力应采用载荷试验、动力触探试验并结合当地经验确定。

（2）混合土边坡的容许坡度值可根据现场调查和当地经验确定，对重要工程应进行专门试验研究。

第五节　填土

一、填土的分类

填土根据物质组成和堆填方式，可分为下列四类。

（1）素填土——由碎石土、砂土、粉土和黏性土等一种或几种材料组成，不含或很少含杂物。

（2）杂填土——含有大量建筑垃圾、工业废料或生活垃圾等杂物。

（3）冲填土——由水力冲填泥沙形成。

（4）压实填土——按一定标准控制材料成分、密度、含水量，分层压实或夯实而成。

二、填土勘察的基本要求

（一）填土勘察的重点内容

（1）收集资料、调查地形和地物的变迁，填土的来源、堆积年限和堆积方式。

（2）查明填土的分布、厚度、物质成分、颗粒级配、均匀性、密实性、压缩性和湿陷性、含水量及填土的均匀性等，对冲填土尚应了解其排水条件和固结程度。

（3）调查有无暗浜、暗塘、渗井、废土坑、旧基础及古墓的存在。

（4）查明地下水的水质对混凝土的腐蚀性和相邻地表水体的水力联系。

（二）勘察方法与工作量布置

勘探点一般按复杂场地布置加密加深，对暗埋的塘、浜、沟、坑的范围，应予追索并圈定。勘探孔的深度应穿透填土层。

勘探方法应根据填土性质，针对不同的物质组成，确定采用不同的手段。对由粉土或黏性土组成的素填土，可采用钻探取样、轻型钻具如小口径螺纹钻、洛阳铲等与原位测试相结合的方法；对含较多粗粒成分的素填土和杂填土宜采用动力触探、钻探，杂填土成分复杂，均匀性很差，单纯依靠钻探难以查明，应有一定数量的探井。

测试工作应以原位测试为主，辅以室内试验，填土的工程特性指标宜采用下列测试方法确定。

（1）填土的均匀性和密实度宜采用触探法，并辅以室内试验；轻型动力触探适用于黏性、粉性素填土，静力触探适用于冲填土和黏性素填土，重型动力触探适用于粗粒填土。

（2）填土的压缩性、湿陷性宜采用室内固结试验或现场载荷试验。

（3）杂填土的密度试验宜采用大容积法。

（4）对压实填土（压实黏性土填土），在压实前应测定填料的最优含水量和最大干密度，压实后应测定其干密度，计算压实系数；大量的、分层的检验，可用微型贯入仪测定贯入度，作为密实度和均匀性的比较数据。

三、填土的岩土工程评价

填土的岩土工程评价应符合下列要求。

（1）阐明填土的成分、分布和堆积年代，判定地基的均匀性、压缩性和密实度，必要时应按厚度、强度和变形特性分层或分区评价。

（2）除了控制质量的压实填土外，一般说来，填土的成分比较复杂，均匀性差，厚度变化大，利用填土作为天然地基应持慎重态度。对堆积年限较长的素填土、冲填土和由建筑垃圾或性能稳定的工业废料组成的杂填土，当较均匀和较密实时可作为天然地基；由有机质含量较高的生活垃圾和对基础有腐蚀性的工业废料组成的杂填土，不宜作为天然地基。

（3）填土的地基承载力，可由轻型动力触探、重型动力触探、静力触探和取样分析确定，必要时应采用载荷试验。

（4）当填土底面的天然坡度大于20%时，应验算其稳定性。

第六节　多年冻土

含有固态水且冻结状态持续2年或2年以上的土，应判定为多年冻土。我国多年冻土主要分布在青藏高原、帕米尔及西部高山（包括祁连山、阿尔泰山、天山等），东北的大小兴安岭和其他高山的顶部也有零星分布。冻土的主要特点是含有冰，保持冻结状态 2 年或 2 年以上。多年冻土对工程的主要危害是其融沉性（或称融陷性）和冻胀性。

多年冻土中如含易溶盐或有机质，对其热学性质和力学性质都会产生明显影响，前者称为盐渍化多年冻土，后者称为泥炭化多年冻土。

一、多年冻土勘察的基本要求

（一）多年冻土勘察的重点

多年冻土的设计原则有"保持冻结状态的设计""逐渐融化状态的设计"和"预先融化状态的设计"。不同的设计原则对勘察的要求是不同的。多年冻土勘察应根据多年冻土的设计原则、多年冻土的类型和特征进行，并应查明下列内容。

（1）多年冻土的分布范围及上限深度及其变化值，是各项工程设计的主要参数；影响上限深度及其变化的因素很多，如季节融化层的导热性能、气温及其变化，地表受日照和反射热的条件，多年地温等。确定上限深度主要有下列方法。

1）野外直接测定：在最大融化深度的季节，通过勘探或实测地温，直接进行鉴定；在衔接的多年冻土地区，在非最大融化深度的季节进行勘探时，可根据地下冰的特征和位置判断上限深度。

2）用有关参数或经验方法计算：东北地区常用上限深度的统计资料或公式计算，或用融化速率推算；青藏高原常用外推法判断或用气温法、地温法计算。

（2）多年冻土的类型、厚度、总含水量、构造特征、物理力学和热学性质。

多年冻土的类型，按埋藏条件分为衔接多年冻土和不衔接多年冻土；按物质成分有盐渍多年冻土和泥炭多年冻土；按变形特性分为坚硬多年冻土、塑性多年冻土和松散多年冻土。多年冻土的构造特征有整体状构造、层状构造、网状构造等。

（3）多年冻土层上水、层间水和层下水的赋存形式、相互关系及其对工程的影响。

（4）多年冻土的融沉性分级和季节融化层土的冻胀性分级。

（5）厚层地下冰、冰锥、冰丘、冻土沼泽、热融滑塌、热融湖塘、融冻泥流等不良地质作用的形态特征、形成条件、分布范围、发生发展规律及其对工程的危害程度。

（二）多年冻土的勘探点间距和勘探深度

多年冻土地区勘探点的间距，除应满足一般土层地基的要求外，还应适当加密，以查明土的含冰变化情况和上限深度。多年冻土勘探孔的深度，应符合设计原则的要求，应满足下列要求。

（1）对保持冻结状态设计的地基，不应小于基底以下 2 倍基础宽度，对桩基应超过桩端以下 5 m；大、中桥地基的勘探深度不应小于 20 m；小桥和挡土墙的勘探深度不应小于 12 m；涵洞不应小于 7 m。

（2）对逐渐融化状态和预先融化状态设计的地基，应符合非冻土地基的要求；道路路堑的勘探深度，应至最大季节融冻深度下 2~3 m。

（3）无论何种设计原则，勘探孔的深度均应超过多年冻土上限深度的 1.5 倍。

（4）在多年冻土的不稳定地带，应有部分钻孔查明多年冻土下限深度；当地基为饱冰冻土或含土冰层时，应穿透该层。

（5）对直接建在基岩上的建筑物或对可能经受地基融陷的三级建筑物，勘探深度可按一般地区勘察要求进行。

（三）多年冻土的勘探测试

多年冻土地区钻探宜缩短施工时间，为避免钻头摩擦生热而破坏冻层结构，保持岩芯核心土温不变，宜采用大口径低速钻进，一般开孔孔径不宜小于 130 mm，终孔直径不宜小于 108 mm，回次钻进时间不宜超过 5 min，进尺不宜超过 0.3 m，遇含冰量大的泥炭或黏性土可进尺 0.5 m；钻进中使用的冲洗液可加入适量食盐，以降低冰点，必要时可采用低温泥浆，以避免在钻孔周围造成人工融区或孔内冻结。

应分层测定地下水位。

保持冻结状态设计地段的钻孔，孔内测温工作结束后应及时回填。

由于钻进过程中孔内蓄存了一定热量，要经过一段时间的散热后才能恢复到天然状态的地温，其恢复的时间随深度的增加而增加，一般 20 m 深的钻孔需一星期左右的恢复时间，因此孔内测温工作应在终孔 7 天后进行。

取样的竖向间隔，除应满足一般要求外，在季节融化层应适当加密，试样在采取、搬运、贮存、试验过程中应避免融化；进行热物理和冻土力学试验的冻土试样，取出后应立即冷藏，尽快试验。

试验项目除按常规要求外，尚应根据工程要求和现场具体情况，与设计单位协商后确定，进行总含水量、体积含冰量、相对含冰量、未冻水含量、冻结温度、导热系数、冻胀量、融化压缩等项目的试验；对盐渍化多年冻土和泥炭化多年冻土，还应分别测定易溶盐含量和有机质含量。

工程需要时，可建立地温观测点，进行地温观测。

当需查明与冻土融化有关的不良地质作用时，调查工作宜在 2—5 月进行；多年冻土上限深度的勘察时间宜在 9、10 月。

二、多年冻土的岩土工程评价

多年冻土的岩土工程评价应符合下列要求。

（1）地基设计时，多年冻土的地基承载力，保持冻结地基与容许融化地基的承载力大不相同，必须区别对待。地基承载力目前尚无计算方法，只能结合当地经验用载荷试验或其他原位测试方法综合确定，对次要建筑物可根据邻近工程经验确定。

（2）除次要的临时性的工程外，建筑物一定要避开不良地段，选择有利地段。宜避开饱冰冻土、含土冰层地段和冰锥、冰丘、热融湖、厚层地下冰，融区与多年冻土区之间的过渡带，宜选择坚硬岩层、少冰冻土和多冰冻土地段及地下水位或冻土层上水位低的地段和地形平缓的高地。

第七节　膨胀岩土

含有大量亲水矿物，湿度变化时有较大体积变化，变形受约束时产生较大内应力的岩土，应判定为膨胀岩土。膨胀岩土包括膨胀岩和膨胀土。

一、膨胀岩土勘察的基本要求

（一）勘察阶段及各阶段的主要任务

勘察阶段应与设计阶段相适应，可分为选择场址勘察、初步勘察和详细勘察三个阶段。

对场地面积不大、地质条件简单或有建设经验的地区，可简化勘察阶段，但应达到详细勘察阶段的要求。对地形地质条件复杂或有成群建筑物破坏的地区，必要时还应进行专门性的勘察工作。

1.选择场址勘察阶段

选择场址勘察阶段应以工程地质调查为主，辅以少量探坑或必要的钻探工作，了解地层分布，采取适量扰动土样，测定自由膨胀率，初步判定场地内有无膨胀土，对拟选场址的稳定性和适宜性做出工程地质评价。

2.初步勘察阶段

初步勘察阶段应确定膨胀土的胀缩性，对场地稳定性和工程地质条件做出评价，为确定建筑总平面布置、主要建筑物地基基础方案及对不良地质现象的防治方案提供工程地质资料。其主要工作应包括下列内容。

（1）工程地质条件复杂并且已有资料不符合要求时，应进行工程地质测绘，所用的比例尺可采用1：1 000~1：5 000。

（2）查明场地内不良地质现象的成因、分布范围和危害程度，预估地下水位季节性变化幅度和对地基土的影响。

（3）采取原状土样进行室内基本物理性质试验、收缩试验、膨胀力试验和50 kPa压力下的膨胀率试验，初步查明场地内膨胀土的物理力学性质。

3.详细勘察阶段

详细勘察阶段应详细查明各建筑物的地基土层及其物理力学性质，确定其胀缩等级，为地基基础设计、地基处理、边坡保护和不良地质地段的治理提供详细的工程地质资料。

（二）勘察方法和勘察工作量

1.工程地质测绘和调查

膨胀岩土地区工程地质测绘与调查宜采用1：1 000~1：2 000比例尺，应着重研究下列内容。

（1）查明膨胀岩土的岩性、地质年代、成因、产状、分布、颜色、节理、裂缝等外观特征及空间分布特征。

（2）划分地貌单元和场地类型，查明有无浅层滑坡、地裂、冲沟以及微地貌形态和植被分布情况和浇灌方法。

（3）调查地表水的排泄和积聚情况以及地下水类型、水位和变化规律；土层中含水量的变化规律。

（4）收集当地降水量、蒸发力、气温、地温、干湿季节、干旱持续时间等气象资料，查明大气影响深度。

（5）调查当地建筑物的结构类型、基础形式和埋深，建筑物的损坏部位、破裂机制、破裂的发生发展过程及胀缩活动带的空间展布规律。

2. 勘探点布置和勘探深度

勘探点宜结合地貌单元和微地貌形态布置，其数量应比非膨胀岩土地区适当增加，其中取土勘探点，应根据建筑物类别、地貌单元及地基土胀缩等级分布布置，其数量不应少于全部勘探点数量的1/2；详细勘察阶段，在每栋主要建筑物下不得少于3个取土勘探点。

勘探孔的深度，除应满足基础埋深和附加应力的影响深度外，还应超过大气影响深度；控制性勘探孔不应小于8 m，一般性勘探孔不应小于5 m。

二、膨胀岩土的岩土工程评价

（一）膨胀岩土的判定

膨胀岩土的判定，目前尚无统一的指标和方法，多年来一直采用初判和终判两步综合判定方法。对膨胀土初判主要根据地貌形态、土的外观特征和自由膨胀率；终判是在初判的基础上结合各种室内试验及邻近工程损坏原因分析进行。

1. 膨胀土的初判方法

具有下列工程地质特征的场地，一般自由膨胀率大于或等于40%的土可初判为膨胀土。

（1）多分布在二级或二级以上阶地、山前丘陵和盆地边缘。

（2）地形平缓，无明显自然陡坎。

（3）常见浅层滑坡、地裂，新开挖的路堑、边坡、基槽易发生坍塌。

（4）裂缝发育，方向不规则，常有光滑面和擦痕，裂缝中常充填灰白、灰绿色黏土。

（5）干时坚硬，遇水软化，自然条件下呈坚硬或硬塑状态。

（6）未经处理的建筑物成群破坏，低层较多层严重，刚性结构较柔性结构严重。

（7）建筑物开裂多发生在旱季，裂缝宽度随季节变化。

2. 膨胀土的终判方法

对初判为膨胀土的地区，应计算土的膨胀变形量、收缩变形量和胀缩变形量，并划分胀缩等级。当拟建场地或其邻近有膨胀岩土损坏的工程时，应判定为膨胀岩土，并进行详细调查，分析膨胀岩土对工程的破坏机制，估计膨胀力的大小和胀缩等级。

这里需说明三点：

（1）自由膨胀率是一个很有用的指标，但不能作为唯一依据，否则易造成误判。

（2）从实用出发，应以是否造成工程的损害为最直接的标准；但对于新建工程，不一定有已有工程的经验可借鉴，此时仍可通过各种室内试验指标结合现场特征判定。

（3）初判和终判不是互相分割的，应互相结合、综合分析，工作的次序是从初判到终判，但终判时仍应综合考虑现场特征，不宜只凭个别试验指标确定。

3.膨胀岩的判定

对于膨胀岩的判定尚无统一指标，作为地基时，可参照膨胀土的判定方法进行判定。目前，膨胀岩作为其他环境介质时，其膨胀性的判定标准也不统一。例如，中国科学院地质研究所将钠蒙脱石含量5%~6%、钙蒙脱石含量11%~14%作为判定标准。中铁第一勘察设计院以蒙脱石含量8%或伊利石含量20%作为标准。此外，也有将黏粒含量作为判定指标的，如中铁第一勘察设计院以粒径小于0.002 mm含量占25%或粒径小于0.005 mm含量占30%作为判定标准。还有将干燥饱和吸水率25%作为膨胀岩和非膨胀岩的划分界线。

但是，最终判定时岩石膨胀性的指标还是膨胀力和不同压力下的膨胀率，这一点与膨胀土相同。对于膨胀岩，膨胀率与时间的关系曲线以及在一定压力下膨胀率与膨胀力的关系，对洞室的设计和施工具有重要的意义。

（二）地基承载力的确定

一级工程的地基承载力应采用浸水载荷试验方法确定，二级工程宜采用浸水载荷试验，三级工程可采用饱和状态下不固结不排水三轴剪切试验计算或根据已有经验确定。

采用饱和三轴不排水快剪试验确定土的抗剪强度时，可按国家现行建筑地基基础设计规范中有关规定计算承载力。

已有大量试验资料地区，可编制承载力表，供一般工程采用，无资料地区，可采用国家标准数据。

（三）设计注意事项

对建在膨胀岩土上的建筑物，其基础埋深、地基处理、桩基设计、总平面布置、建筑和结构措施、施工和维护，应符合现行国家标准《膨胀土地区建筑技术规范》（GBJ 112-87）的规定。

对边坡及位于边坡上的工程，应进行稳定性验算；验算时应考虑坡体内含水量变化的影响；均质土可采用圆弧滑动法，有软弱夹层及层状膨胀岩土应按最不利的滑动面验算；具有胀缩裂缝和地裂缝的膨胀土边坡，应进行沿裂缝滑动的验算。

坡地场地稳定性分析时，考虑含水量变化的影响十分重要，含水量变化的原因有以下几点。

（1）挖方填方量较大时，岩土体中含水状态将发生变化。

（2）平整场地破坏了原有地貌、自然排水系统和植被，改变了岩土体吸水和蒸发。

（3）坡面受多向蒸发，大气影响深度大于平坦地带。

（4）坡地旱季出现裂缝，雨季雨水灌入，易产生浅层滑坡；久旱降雨造成坡体滑动。

第八节 盐渍岩土

岩土中易溶盐含量大于 0.3%，并具有溶陷、盐胀、腐蚀等工程特性时，应判定为盐渍岩土。

除了细粒盐渍土外，我国西北内陆盆地山前冲积扇的砂砾层中，盐分以层状或窝状聚集在细粒土夹层的层面上，形状为几厘米至十几厘米厚的结晶盐层或含盐砂砾透镜体，盐晶呈纤维状晶族。对这类粗粒盐渍土，研究成果和工程经验不多，勘察时应予以注意。

一、盐渍岩土的分类

盐渍岩按主要含盐矿物成分可分为石膏盐渍岩、芒硝盐渍岩等。当环境条件变化时，盐渍岩工程性质亦产生变化。盐渍岩一般见于湖相或深湖相沉积的中生界地层，如白垩系红色泥质粉砂岩、三叠系泥灰岩及页岩。

含盐化学成分、含盐量对盐渍土有下列影响。

1. 含盐化学成分的影响

（1）氯盐类的溶解度随温度变化甚微，吸湿保水性强，使土体软化。

（2）硫酸盐类则随温度的变化而胀缩，使土体变软。

（3）碳酸盐类的水溶液有强碱性反应，使黏土胶体颗粒分散，引起土体膨胀。

2. 含盐量的影响

盐渍土中含盐量的多少对盐渍土的工程特性影响较为明显。

二、盐渍岩土勘察的基本要求

（一）盐渍岩土的勘察内容

（1）盐渍岩土的分布范围、形成条件、含盐类型、含盐程度、溶蚀洞穴发育程度和空间分布状况，以及植物分布生长状况。

（2）对含石膏为主的盐渍岩，应查明当地硬石膏的水化程度（硬石膏水化后变成石膏的界限）；对含芒硝较多的盐渍岩，在隧道通过地段查明地温情况。

（3）大气降水的积聚、径流、排泄、洪水淹没范围、冲蚀情况及地下水类型、埋藏条件、水质变化特征、水位及其变化幅度。

（4）有害毛细水上升高度值。粉土、黏性土用塑限含水量法，砂土用最大分子含水量法确定。

（5）收集研究区域气象（主要为气温、地温、降水量、蒸发量）和水文资料，并分析其对盐渍岩土工程性能的影响。

（6）收集研究区域盐渍岩土地区的建筑经验。

（7）对具有盐胀性、湿陷性的盐渍岩土，尚应按照有关规范查明其湿陷性和膨胀性。

（二）盐渍岩土地区的调查工作内容

盐渍岩土地区的调查工作，包括下列内容。

（1）盐渍岩土的成因、分布和特点。

（2）含盐化学成分、含盐量及其在岩土中的分布。

（3）溶蚀洞穴发育程度和分布。

（4）收集气象和水文资料。

（5）地下水的类型、埋藏条件、水质、水位及其季节变化。

（6）植物生长状况。

（7）含石膏为主的盐渍岩石膏的水化深度，含芒硝较多的盐渍岩，在隧道通过地段的地温情况。

硬石膏经水化后形成石膏，在水化过程中体积膨胀，可导致建筑物的破坏；另外，在石膏—硬石膏分布地区，几乎都存在发育岩溶化现象，在建筑物运营期间，在石膏—硬石膏中出现岩溶化洞穴，造成基础的不均匀沉陷。

芒硝的物态变化导致其体积的膨胀与收缩。当温度在 32.4℃以下时，芒硝的溶解度随着温度的降低而降低。因此，温度变化，芒硝将发生严重的体积变化，造成建筑物基础和洞室围岩的破坏。

（8）调查当地工程经验。

（三）勘探工作的布置及试样的采取

勘探工作布置应满足查明盐渍岩土分布特征的要求；盐渍土平面分区可为总平面图设计选择最佳建筑场地；竖向分区则为地基设计、地下管道的埋设以及盐渍土对建筑材料腐蚀性评价等提供有关资料。

采取岩土试样宜在干旱季节进行，对用于测定含盐离子的扰动土取样。

工程需要时，应测定有害毛细水上升的高度。

应根据盐渍土的岩性特征，选用载荷试验等适宜的原位测试方法，对于溶陷性盐渍土尚应进行浸水载荷试验确定其溶陷性。

对盐胀性盐渍土宜现场测定有效盐胀厚度和总盐胀量，当土中硫酸钠含量不超过 1% 时，可不考虑盐胀性；对盐胀性盐渍土应进行长期观测以确定其盐胀临界深度。据柴达木盆地实际观测结果，日温差引起的盐胀深度仅达表层下 0.3 m 左右，深层土的盐胀由年温差引起，其盐胀深度范围在 0.3 m 以下。

盐渍土盐胀临界深度是指盐渍土的盐胀处于相对稳定时的深度。盐胀临界深度可通过野外观测获得，方法是在拟建场地自地面向下 5 m 左右深度内，于不同深度处埋设测标，每日定时数次观测气温、各测标的盐胀量及相应深度处的地温变化，观测周期为一年。柴达木盆地盐胀临界深度一般大于 3.0 m，大于一般建筑物浅基的埋深，如某深度处盐渍土由温差变化影响而产生的盐胀压力，小于上部有效压力时，其基础可适当浅埋，但室内地面下需做处理，以防由盐渍土的盐胀而导致的地面膨胀破坏。

除进行常规室内试验外，盐渍土的特殊试验要求对盐胀性和湿陷性指标的测定按照膨胀土和湿陷土的有关试验方法进行；对硬石膏根据需要可做水化试验、测定有关膨胀参数；应有一定数量的试样做岩、土的化学含量分析、矿物成分分析和有机质含量的测试。

三、盐渍岩土的岩土工程评价

盐渍岩土的岩土工程评价应包括下列内容。

（1）岩土中含盐类型、含盐量及主要含盐矿物对岩土工程特性的影响。

（2）岩土的溶陷性、盐胀性、腐蚀性和场地工程建设的适宜性。

（3）盐渍土由于含盐性质及含盐量的不同，土的工程特性各异，地域性强，目前尚不具备以土工试验指标与载荷试验参数建立关系的条件，故载荷试验是获取盐渍土地基承载力的基本方法，盐渍土地基的承载力宜采用载荷试验确定，当采用其他原位测试方法时，应与载荷试验结果进行对比。

（4）盐渍岩边坡的坡度宜比非盐渍岩的软质岩石边坡适当放缓，对软弱夹层、破碎带应部分或全部加以防护。

（5）盐渍岩土对建筑材料的腐蚀性评价应按水土对建筑材料的腐蚀性评价执行。

第九节　风化岩和残积土

岩石在风化作用下，其结构、成分和性质已产生不同程度的变异，应定名为风化岩。已完全风化成土而未经搬运的应定名为残积土。

不同的气候条件和不同的岩类具有不同风化特征，湿润气候以化学风化为主，干燥气候以物理风化为主。花岗岩类多沿节理风化，风化厚度大，且以球状风化为主。层状岩，多受岩性控制，硅质比黏土质不易风化，风化后层理尚较清晰，风化厚度较薄。可溶岩以溶蚀为主，有岩溶现象，不具完整的风化带，风化岩保持原岩结构和构造，而残积土则已全部风化成土，矿物结晶、结构、构造不易辨认，成碎屑状的松散体。

一、风化岩与残积土的工程地质特征

风化岩一般都具有较高的承载力，但由于岩石本身风化的程度、风化的均匀性和连续性不尽相同，故地基强度也不一样。当同一建筑物拟建在风化程度不同（软硬互层）的风化岩地基上时，应考虑不均匀沉降和斜坡稳定性问题。

岩石已完全风化成土而未经搬运的应定为残积土，其承载力较高。风化岩与残积土作为一般建筑物的地基，是很好的持力层。

二、风化岩与残积土勘察的基本要求

（一）风化岩和残积土勘察的重点

风化岩和残积土勘察的任务，对不同的工程应有所侧重。如作为建筑物天然地基时，应着重查明岩土的均匀性及其物理力学性质；作为桩基础时，应重点查明破碎带和软弱夹层的位置和厚度等。风化岩和残积土的勘察应着重查明下列内容。

（1）母岩地质年代和岩石名称。

（2）岩石的风化程度。

（3）岩脉和风化花岗岩中球状风化体（孤石）的分布。

（4）岩土的均匀性、破碎带和软弱夹层的分布。

（5）地下水的赋存状况及其变化。

（二）现场勘探工作量布置

勘探点间距除遵循一般原则外，应按复杂地基取小值，对层状岩应垂直走向布置，并考虑具有软弱夹层的特点。各勘察阶段的勘探点均应考虑到不同岩层和其中岩脉的产状及分布特点布置。一般在初勘阶段，应有部分勘探点达到或深入微风化层，了解整个风化剖面。

除用钻探取样外，对残积土或强风化带应有一定数量的探井，直接观察其结构，岩土暴露后的变化情况（如干裂、湿化、软化等等）。从探井中采取不扰动试样并利用探井做原位密度试验等。为了保证采取风化岩样质量的可靠性，宜在探井中刻取或用双重管、三重管取样器采取试样，每一风化带不应少于3组。

风化岩和残积土一般很不均匀，取样试验的代表性差，故应考虑原位测试与室内试验相结合的原则，并以原位测试为主。原位测试可采用圆锥动力触探、标准贯入试验、波速测试和载荷试验。对风化岩和残积土的划分，可用标准贯入试验或无侧限抗压强度试验，也可采用波速测试，同时也不排除用规定以外的方法，可根据当地经验和岩土的特点确定。

三、风化岩和残积土的岩土工程评价

花岗岩类残积土的地基承载力和变形模量应采用载荷试验确定。有成熟地方经验时，对于地基基础设计等级为乙级、丙级的工程，可根据标准贯入试验等原位测试资料，结合当地经验综合确定。

对于厚层的强风化和全风化岩石，宜结合当地经验进一步划分为碎块状、碎屑状和土状；厚层残积土可进一步划分为硬塑残积土和可塑残积土，也可根据含砾或含砂量划分为黏性土、砂质黏性土和砾质黏性土。

建在软硬互层或风化程度不同地基上的工程，应分析不均匀沉降对工程的影响。花岗岩分布区，因为气候湿热，接近地表的残积土受水的淋滤作用，氧化铁富集，并稍具胶结状态，形成网纹结构，土质较坚硬，而其下强度较低，再下由于风化程度减弱强度逐渐增加。因此，同一岩性的残积土强度不一，评价时应予以注意。

基坑开挖后应及时检验，对于易风化的岩类，应及时砌筑基础或采取其他措施，防止风化发展。对岩脉和球状风化体（孤石），应分析评价其对地基（包括桩基）的影响，并提出相应的建议。

第十节　污染土

由于致污物质（工业污染、尾矿污染和垃圾填埋场渗滤液污染等）的侵入，使其成分、结构和性质发生了显著变异的土，应判定为污染土（contaminated soil）。污染土的定名可在原分类名称前冠以"污染"二字。

目前，国内外关于污染土特别是岩土工程方面的资料不多，国外也还没有这方面的规范。我国从20世纪60年代开始就有勘察单位进行污染土的勘察、评价和处理，但资料较分散。

一、污染土场地的勘察和评价的主要内容

污染土场地和地基可分为下列类型：①已受污染的已建场地和地基；②已受污染的拟建场地和地基；③可能受污染的已建场地和地基；④可能受污染的拟建场地和地基。不同类型场地和地基勘察应突出重点。

根据国内进行过的污染土勘察工作，场地类型中最多的是受污染的已建场地，即对污染土造成的建筑物地基事故的勘察调查。不同场地的勘察要求和评价内容稍有不同，但基本点是研究土与污染物相互作用的条件、方式、结果和影响。污染土场地的勘察和评价应包括下列内容。

（1）查明污染前后土的物理力学性质、矿物成分和化学成分等。

（2）查明污染源、污染物的化学成分、污染途径、污染史等。

（3）查明污染土对金属和混凝土的腐蚀性。

（4）查明污染土的分布，按照有关标准划分污染等级。

（5）查明地下水的分布、运动规律及其与污染作用的关系。

（6）提出污染土的力学参数，评价污染土地基的工程特性。

（7）提出对污染土的处理意见。

二、污染土勘探与测试的要求

污染土场地和地基的勘察，应根据工程特点和设计要求选择适宜的勘察手段。目前国内尚不具有污染土勘察专用的设备或手段，还只能采用一般常用的手段进行污染土的勘察；手段的选用主要根据土的原分类对该手段的适宜性，如对污染的砂土或砂岩，可选择适宜砂土或岩石的勘察手段。原则上应符合下列要求。

（1）以现场调查为主，对工业污染应着重调查污染源、污染史、污染途径、污染物成分、污染场地已有建筑物受影响程度、周边环境等。对尾矿污染应重点调查不同的矿物种类和化学成分，了解选矿所采用工艺、添加剂及其化学性质和成分等。对垃圾填埋场应着重调查垃圾成分、日处理量、堆积容量、使用年限、防渗结构、变形要求及周边环境等。

（2）采用钻探或坑探采取土试样，现场观察污染土颜色、状态、气味和外观结构等，并与正常土比较，查明污染土分布范围和深度。

（3）直接接触试验样品的取样设备应严格保持清洁，每次取样后均应用清

洁水冲洗后再进行下一个样品的采取；对易分解或易挥发等不稳定组分的样品，装样时应尽量减少土样与空气的接触时间，防止挥发性物质流失并防止发生氧化；土样采集后宜采取适宜的保存方法并在规定时间内运送实验室。

（4）对需要确定地基土工程性能的污染土，宜采用以原位测试为主的多种手段；当需要确定污染土地基承载力时，宜进行载荷试验。目前对污染土工程特性的认识尚不足，由于土与污染物相互作用的复杂性，每一特定场地的污染土都有其自己的特性。因此，污染土的承载力宜采用载荷试验和其他原位测试确定，并进行污染土与未污染土的对比试验。国内已有在可能受污染场地做野外浸酸载荷试验的经验。这种试验是评价污染土工程特性的可靠依据。

（5）拟建场地污染土勘察宜分为初步勘察和详细勘察两个阶段。条件简单时，可直接进行详细勘察。初步勘察应以现场调查为主，配合少量勘探测试，查明污染源性质、污染途径，并初步查明污染土分布和污染程度；详细勘察应在初步勘察的基础上，结合工程特点、可能采用的处理措施，有针对性地布置勘察工作量，查明污染土的分布范围、污染程度、物理力学和化学指标，为污染土处理提供参数。

（6）勘探点布置、污染土、水取样间距和数量的原则是要查明污染土及污染程度的空间分布，可根据各类场地具体情况提出不同具体要求；勘探测试工作量的布置应结合污染源和污染途径的分布进行，近污染源处勘探点间距宜密，远污染源处勘探点间距宜疏。为查明污染土分布的勘探孔深度应穿透污染土。详细勘察时，污染土试样的间距应根据其厚度及可能采取的处理措施等综合确定。确定污染土与非污染土界限时，取土间距不宜大于 1 m。有地下水的勘探孔应采取不同深度地下水试样，查明污染物在地下水中的空间分布。同一钻孔内采取不同深度的地下水试样时，应采用严格的隔离措施，防止因采取混合水样而影响判别结论。

（7）室内试验项目应根据土与污染物相互作用特点及土的性质的变化确定。污染土和水的室内试验，应根据污染情况和任务要求进行下列试验：①污染土和水的化学成分；②污染土的物理力学性质；③对建筑材料腐蚀性的评价指标；④对环境影响的评价指标；⑤力学试验项目和试验方法应充分考虑污染土的特殊性质，进行相应的试验，如膨胀、湿化、湿陷性试验等；⑥必要时进行专门的试验研究。

对污染土的勘探测试，当污染物对人体健康有害或对机具仪器有腐蚀性时，应采取必要的防护措施。

根据国内外一些实例，污染土的性质可能具有下列某些特征。

（1）酸液对各种土类都会导致力学指标的降低。

（2）碱液可导致酸性土的强度降低，有资料表明，压力在 50 kPa 以内时压缩性的增大尤为明显，但碱性可使黄土的强度增大。

（3）酸碱液都可能改变土的颗粒大小和结构或降低土颗粒间的连接力，从而改变土的塑性指标。多数情况下塑性指数降低，但也有增大的实例。

（4）我国西北的戈壁碎石土硫酸浸入可导致土体膨胀，而盐酸浸入时无膨胀现象，但强度明显降低。

（5）土受污染后一般将改变渗透性。

（6）酸性侵蚀可能使某些土中的易溶盐含量有明显增加。

（7）土的 pH 值可能明显地反映不同的污染程度。

（8）土与污染物相互作用一般都具有明显的时间效应。

三、污染土的岩土工程评价

污染土的岩土工程评价，对可能受污染场地，提出污染可能产生的后果和防治措施；对已受污染场地，应进行污染分级和分区，提出污染土工程特性、腐蚀性、治理措施和发展趋势等。污染土评价应根据任务要求进行，对场地和建筑物地基的评价应符合下列要求。

（1）污染源的位置、成分、性质、污染史及对周边的影响。

（2）污染土分布的平面范围和深度、地下水受污染的空间范围。

（3）污染土的物理力学性质，评价污染对土的工程特性指标的影响程度。根据工程具体情况，可采用强度、变形、渗透等工程特性指标进行综合评价。

（4）工程需要时，提供地基承载力和变形参数，预测地基变形特征。

（5）污染土和水对建筑材料的腐蚀性。污染土和水对建筑材料的腐蚀性评价和腐蚀等级的划分，应符合第五章的有关规定。

（6）污染土和水对环境的影响。污染土和水对环境影响的评价应结合工程具体要求进行，无明确要求时可按现行国家标准的有关规定进行评价。

（7）分析污染发展趋势。预测发展趋势，应对污染源未完全隔绝条件下可能产生的后果、对污染作用的时间效应导致土性继续变化做出预测。这种趋势可能向有利方面变化，也可能向不利方面变化。

（8）对已建项目的危害性或拟建项目适宜性的综合评价。污染土的防治处理应在污染土分区基础上，对不同污染程度区别对待，一般情况下严重和中等污染土是必须处理的，轻微污染土可不处理。但对建筑物或基础具腐蚀性时，应提出防护措施的建议。

污染土的处置与修复应根据污染程度、分布范围、土的性质、修复标准、处理工期和处理成本等综合考虑。

第七章　建筑岩土工程勘察

第一节　房屋建筑与构筑物岩土工程勘察

一、勘察要点

建筑物的岩土工程勘察宜分阶段进行，可行性研究勘察应符合选择场址方案的要求，一般进行工程地质测绘和调查；初步勘察应符合初步设计的要求；详细勘察应符合施工图设计的要求；场地条件复杂或有特殊要求的工程，宜进行施工勘察。

场地较小且无特殊要求的工程可合并勘察阶段。当建筑物平面布置已经确定，且场地或其附近已有岩土工程资料时，可根据实际情况，直接进行详细勘察。

房屋建筑和构筑物（以下简称建筑物）的岩土工程勘察，应在搜集建筑物上部荷载、功能特点、结构类型、基础形式、埋置深度和变形限制等方面资料的基础上进行。其主要工作内容应符合下列规定。

（1）查明场地和地基的稳定性、地层结构、持力层和下卧层的工程特性、土的应力历史和地下水条件以及不良地质作用等。

（2）提供满足设计、施工所需的岩土参数，确定地基承载力，预测地基变形性状。

（3）提出地基基础、基坑支护、工程降水和地基处理设计与施工方案的建议。

（4）提出对建筑物有影响的不良地质作用的防治方案建议。

（5）对于抗震设防烈度不小于Ⅵ度的场地，进行场地与地基的地震效应评价。

二、可行性研究阶段

可行性研究勘察，应对拟建场地的稳定性和适宜性做出评价，并应符合下列要求。

（1）搜集区域地质、地形地貌、地震、矿产、当地的工程地质、岩土工程和建筑经验等资料。

（2）在充分搜集和分析已有资料的基础上，通过踏勘了解场地的地层、构造、岩性、不良地质作用和地下水等工程地质条件。

（3）当拟建场地工程地质条件复杂，已有资料不能满足要求时，应根据具体情况进行工程地质测绘和必要的勘探工作。

（4）当有两个或两个以上拟选场地时，应进行比选分析。

三、初步勘察阶段

1. 初步勘察的主要工作

（1）搜集拟建工程的有关文件、工程地质和岩土工程资料以及工程场地范围的地形图。

（2）初步查明地质构造、地层结构、岩土工程特性、地下水埋藏条件。

（3）查明场地不良地质作用的成因、分布、规模、发展趋势，并对场地的稳定性做出评价。

（4）对抗震设防烈度不小于Ⅵ度的场地，应对场地和地基的地震效应做出初步评价。

（5）季节性冻土地区，应调查场地土的标准冻结深度。

（6）初步判定水和土对建筑材料的腐蚀性。

（7）高层建筑初步勘察时，应对可能采取的地基基础类型、基坑开挖与支护、工程降水方案进行初步分析评价。

2. 初步勘察的勘探工作要求

（1）勘探线应垂直地貌单元、地质构造和地层界线布置。

（2）每个地貌单元均应布置勘探点，在地貌单元交接部位和地层变化较大的地段，勘探点应予以加密。

（3）在地形平坦地区，可按网格布置勘探点。

（4）对岩质地基，勘探线和勘探点的布置，勘探孔的深度，应根据地质构造、岩体特性、风化情况等，按地方标准或当地经验确定。

3. 勘探点的布置

当遇到下列情形之一时，应适当增减勘探孔深度。

（1）当勘探孔的地面标高与预计整平地面标高相差较大时，应按其差值调整勘探孔深度。

（2）在预定深度内遇基岩时，除控制性勘探孔仍应钻入基岩适当深度外，其他勘探孔达到确认的基岩后即可终止钻进。

（3）在预定深度内有厚度较大，且分布均匀的坚实土层（如碎石土、密实砂、老沉积土等）时，除控制性勘探孔应达到规定深度外，一般性勘探孔的深度可适当减小。

（4）当预定深度内有软弱土层时，勘探孔深度应适当增加，部分控制性勘探孔应穿透软弱土层或达到预计控制深度。

（5）对重型工业建筑应根据结构特点和荷载条件适当增加勘探孔深度。

4. 初步勘察采取土试样和进行原位测试的要求

（1）采取土试样和原位测试的勘探点应结合地貌单元、地层结构和土的工程性质布置，其数量可占勘探点总数的 1/4~1/2。

（2）采取土试样的数量和孔内原位测试的竖向间距，应按地层特点和土的均匀程度确定；每层土均应采取土试样或进行原位测试，其数量不宜少于 6 个。

5. 初步勘察应进行的水文地质工作

（1）调查含水层的埋藏条件，地下水类型、补给排泄条件，各层地下水位，调查其变化幅度，必要时应设置长期观测孔，监测水位变化。

（2）当需绘制地下水等水位线图时，应根据地下水的埋藏条件和层位，统一量测地下水位。

（3）当地下水可能浸湿基础时，应采取水试样进行腐蚀性评价。

四、详细勘察阶段

1. 详细勘察的主要工作

详细勘察应按单体建筑物或建筑群提出详细的岩土工程资料和设计、施工所需的岩土参数；对建筑地基做出岩土工程评价，并对地基类型、基础形式、地基处理、基坑支护、工程降水和不良地质作用的防治等提出建议。应进行下列工作。

（1）搜集附有坐标和地形的建筑总平面图，场区的地面整平标高，建筑物的性质、规模、荷载、结构特点、基础形式、埋置深度、地基允许变形等资料。

（2）查明不良地质作用的类型、成因、分布范围、发展趋势和危害程度，提出整治方案的建议。

（3）查明建筑范围内岩土层的类型、深度、分布、工程特性、分析和评价地基的稳定性、均匀性和承载力。

（4）对需进行沉降计算的建筑物，提供地基变形计算参数，预测建筑物的变形特征。

（5）查明埋藏的河道、墓穴、防空洞、孤石等对工程不利的埋藏物。

（6）查明地下水的埋藏条件，提供地下水位及其变化幅度。

（7）在季节性冻土地区，提供场地土的标准冻结深度。

（8）判定水和土对建筑材料的腐蚀性。

2. 详细勘察阶段的工作要求

（1）对抗震设防烈度不小于Ⅵ度的场地，勘察工作应按场地地震效应情况进行布置；当建筑物采用桩基础时，应按桩基勘察进行工作量布置；当需进行基坑开挖、支护和降水设计时，应按基坑工程勘察要求执行。

（2）工程需要时，详细勘察应论证地基土和地下水在建筑施工和使用期间可能产生的变化及其对工程和环境的影响，提出防治方案、防水设计水位和抗浮设计水位的建议。

（3）详细勘察勘探点布置和勘探孔深度，应根据建筑物特性和岩土工程条件确定。对岩质地基，应根据地质构造、岩体特性、风化情况等，结合建筑物对地基的要求，按地方标准或当地经验确定。

3. 勘探点的布置

（1）详细勘察的勘探点布置应符合下列规定。

1）勘探点宜按建筑物周边线和角点布置，对无特殊要求的其他建筑物可按建筑物或建筑群的范围布置。

2）同一建筑范围内的主要受力层或有影响的下卧层起伏较大时，应加密勘探点，查明其变化。

3）重大设备基础应单独布置勘探点，重大的动力机器基础和高耸构筑物，勘探点不宜少于3个。

4）勘探手段宜采用钻探与触探相配合，在复杂地质条件、湿陷性土、膨胀岩土、风化岩和残积土地区宜布置适量探井。

（2）详细勘察的单栋高层建筑勘探点的布置，应满足对地基均匀性评价的要求，且不应少于 4 个；对密集的高层建筑群，勘探点可适当减少，但每栋建筑物至少应有一个控制性勘探点。

4. 勘探深度

详细勘察的勘探深度自基础底面算起。勘探孔深度应能控制地基主要受力层，当基础底面宽度不大于 5 m 时，勘探孔的深度对条形基础不应小于基础底面宽度的 3 倍，对单独柱基不应小于 1.5 倍，且不应小于 5 m。

对高层建筑和需做变形计算的地基，控制性勘探孔的深度应超过地基变形计算深度；高层建筑的一般性勘探孔应达到基底下 0.5~1.0 倍的基础宽度，并深入稳定分布的地层。对仅有地下室的建筑或高层建筑的裙房，当不能满足抗浮设计要求，需设置抗浮桩或锚杆时，勘探孔深度应满足抗拔承载力评价的要求。当有大面积地面堆载或软弱下卧层时，应适当加深控制性勘探孔的深度。在上述规定深度内当遇基岩或厚层碎石土等稳定地层时，勘探孔深度应根据情况进行调整。地基变形计算深度，对中、低压缩性土可取附加压力等于上覆土层有效自重压力 20% 的深度；对高压缩性土层可取附加压力等于上覆土层有效自重压力 10% 的深度。建筑总平面内的裙房或仅有地下室部分（或当基底附加压力 $p_o \le 0$ 时）的控制性勘探孔的深度可适当减小，但应深入稳定分布地层，且根据荷载和土质条件不宜少于基底下 0.5~1.0 倍基础宽度。

当需进行地基整体稳定性验算时，控制性勘探孔深度应根据具体条件满足验算要求。当需确定场地抗震类别而邻近无可靠的覆盖层厚度资料时，应布置波速测试孔，其深度应满足确定覆盖层厚度的要求。大型设备基础勘探孔深度不宜小于基础底面宽度的 2 倍。当需进行地基处理时，勘探孔的深度应满足地基处理设计与施工要求；当采用桩基时，勘探孔的深度应满足桩基勘察的要求。高层建筑详细勘察阶段勘探孔的深度应符合下列规定。

（1）控制性勘探孔深度应超过地基变形的计算深度。

（2）在基岩和浅层岩溶发育地区，当基础底面下的土层厚度小于地基变形计算深度时，一般性钻孔应钻至完整、较完整基岩面；控制性钻孔应深入完整、较完整基岩 3~5 m，勘察等级为甲级的高层建筑取大值，乙级取小值；专门查明溶洞或土洞的钻孔深度应深入洞底完整地层 3~5 m。

（3）在花岗岩残积土地区，应查清残积土和全风化岩的分布深度的值确定。在预定深度内遇基岩时，控制性钻孔深度应深入强风化岩 3~5 m，勘察等级为甲级的高层建筑宜取大值，乙级可取小值。一般性钻孔达强风化岩顶面即可。

（4）评价土的湿陷性、膨胀性、砂土地震液化、确定场地覆盖层厚度、查明地下水渗透性等钻孔深度，应按有关规范的要求确定。

（5）在断裂破碎带、冲沟地段、地裂缝等不良地质作用发育场地及位于斜坡上或坡脚下的高层建筑，当需进行整体稳定性验算时，控制性勘探孔的深度应满足评价和验算的要求。

5.取样和测试

详细勘察采取土试样和进行原位测试应符合岩土工程评价要求，并符合下列要求。

（1）采取土试样和进行原位测试的勘探孔的数量，应根据地层结构、地基土的均匀性和工程特点确定，且不应少于勘探孔总数的 1/2，钻探取土试样孔的数量不应少于勘探孔总数的 1/3。

（2）每个场地每一主要土层的原状土试样或原位测试数据不应少于 6 件（组），当采用连续记录的静力触探或动力触探为主要勘察手段时，每个场地不应少于 3 个孔。

（3）在地基主要受力层内，对厚度大于 0.5 m 的夹层或透镜体，应采取土试样或进行原位测试。

（4）当土层性质不均匀时，应增加取土试样或原位测试数量。

五、施工勘察

基坑或基槽开挖后，岩土条件与勘察资料不符或发现必须查明的异常情况时，应进行施工勘察；在工程施工或使用期间，当地基土、边坡体、地下水等发生未曾估计到的变化时，应进行监测，并对工程和环境的影响进行分析评价。

第二节　地基处理工程岩土工程勘察

一、地基处理的岩土工程勘察要求

（1）针对可能采用的地基处理方案，提供地基处理设计和施工所需的岩土特性参数。

（2）预测所选地基处理方法对环境和邻近建筑物的影响。

（3）提出地基处理方案的建议。

（4）当场地条件复杂且缺乏成功经验时，应在施工现场对拟选方案进行试验或对比试验，检验方案的设计参数和处理效果。

（5）在地基处理施工期间，应进行施工质量和施工对周围环境和邻近工程设施影响的监测。

二、不同地基处理方法的岩土工程勘察内容

1. 换填垫层法的岩土工程勘察内容

（1）查明待换填的不良土层的分布范围和埋深。

（2）测定换填材料的最优含水率、最大干密度。

（3）评定垫层以下软弱下卧层的承载力和抗滑稳定性，估算建筑物的沉降。

（4）评定换填材料对地下水的环境影响。

（5）对换填施工过程应注意的事项提出建议。

（6）对换填垫层的质量进行检验或现场试验。

2. 预压法的岩土工程勘察内容

（1）查明土的成层条件、水平和垂直方向的分布、排水层和夹砂层的埋深和厚度、地下水的补给和排泄条件等。

（2）提供待处理软土的先期固结压力、压缩性参数、固结特性参数和抗剪强度指标、软土在预压过程中强度的增长规律。

（3）预估预压荷载的分级和大小、加荷速率、预压时间、强度可能的增长和可能的沉降。

（4）对重要工程，建议选择代表性试验区进行预压试验。采用室内试验、原位测试、变形和孔压的现场监测等手段，推算软土的固结系数、固结度与时间的关系和最终沉降量，为预压处理的设计施工提供可靠依据。

（5）检验预压处理效果，必要时进行现场载荷试验。

3. 强夯法的岩土工程勘察内容

（1）查明强夯影响深度范围内土层的组成、分布、强度、压缩性、透水性和地下水条件。

（2）查明施工场地和周围受影响范围内的地下管线和构筑物的位置、标高；查明有无对振动敏感的设施，是否需在强夯施工期间进行监测。

（3）根据强夯设计，选择代表性试验区进行试夯，采用室内试验、原位测试、现场监测等手段，查明强夯的有效加固深度，夯击能量、夯击遍数与夯沉量的关系，夯坑周围地面的振动和地面隆起，土中孔缝水压力的增长和消散规律。

4.桩土复合地基的岩土工程勘察内容

（1）查明暗塘、暗浜、暗沟、洞穴等的分布和埋深。

（2）查明土的组成、分布和物理力学性质，软弱土的厚度和埋深，可作为桩基持力层的相对硬层的埋深。

（3）预估成桩施工的可能性（有无地下障碍、地下洞穴、地下管线、电缆等）和成桩工艺对周围土体、邻近建筑、工程设施和环境的影响（噪声、振动、侧向挤土、地面沉陷或隆起等）、桩体与水土间的相互作用（地下水对桩材的腐蚀性，桩材对周围水土环境的污染等）。

（4）评定桩间土承载力，预估单桩承载力和复合地基承载力。

（5）评定桩间土、桩身、复合地基、桩端以下变形计算深度范围内土层的压缩性，任务需要时估算复合地基的沉降量。

（6）对需验算复合地基稳定性的工程，提供桩间土、桩身的抗剪强度。

（7）任务需要时应根据桩土复合地基的设计，进行桩间土、单桩和复合地基载荷试验，检验复合地基承载力。

5.注浆法的岩土工程勘察内容

（1）查明土的级配、孔隙性或岩石的裂隙宽度和分布规律，岩土渗透性，地下水埋深、流向和流速，岩土的化学成分和有机质含量；岩土的渗透性宜通过现场试验测定。

（2）根据岩土性质和工程要求选择浆液和注浆方法（渗透注浆、劈裂注浆、压密注浆等），根据地区经验或通过现场试验确定浆液浓度、黏度、压力、凝结时间、有效加固半径或范围，评定加固后地基的承载力、压缩性、稳定性或抗渗性。

（3）在加固施工过程中对地面、既有建筑物和地下管线等进行跟踪变形观测，以控制灌注顺序、注浆压力、注浆速率等。

（4）通过开挖、室内试验、动力触探或其他原位测试，对注浆加固效果进行检验。

（5）注浆加固后，应对建筑物或构筑物进行沉降观测，直至沉降稳定为止，观测时间不宜少于半年。

三、地基处理工程勘察报告内容

除应包含岩土工程勘察报告基本内容要求外，还要包含地基处理方式的选择，以及勘察结果。复合地基方案应根据高层建筑特征及场地条件建议一种或几种复合地基加固方案，并分析确定加固深度或桩端持力层。应提供复合地基承载力及变形分析计算所需的岩土参数，条件具备时，应分析评价复合地基承载力及复合地基的变形特征。

第三节　地下洞室岩土工程勘察

地下洞室是指以岩土体为介质，在岩土体中用人工开挖或利用天然形成的地下空间。本工作任务主要讨论人工开挖的无压地下洞室的岩土工程勘察。

一、地下洞室勘察任务及各阶段勘察的手段和内容

1. 地下洞室的岩土工程勘察任务

（1）选择地质条件优越的洞址、洞位、洞口。

（2）进行洞室围岩分类和稳定性评价。

（3）提出设计、施工参数和支护结构方案的建议。

（4）提出洞室、洞口布置方案和施工方法的建议。

（5）对地面变形和既有建筑物的影响进行评价。

2. 可行性研究勘察

可行性研究勘察应通过搜集区域地质资料，现场踏勘和调查，了解拟选方案的地形地貌、地层岩性、地质构造、工程地质、水文地质和环境条件，做出可行性评价，选择合适的洞址和洞口。

3. 初步勘察

初步勘察应采用工程地质测绘、勘探和测试等方法，初步查明选定方案的地质条件和环境条件，初步确定岩体质量等级（围岩类别），对洞址和洞口的稳定性做出评价，为初步设计提供依据。

初步勘察时，工程地质测绘和调查应初步查明下列问题。

（1）地貌形态和成因类型。

（2）地层岩性、产状、厚度、风化程度。

（3）断裂和主要裂隙的性质、产状、充填、胶结、贯通及组合关系。

（4）不良地质作用的类型、规模和分布。

（5）地震地质背景。

（6）地应力的最大主应力作用方向。

（7）地下水类型、埋藏条件、补给、排泄和动态变化。

（8）地表水体的分布及其与地下水的关系，淤积物的特征。

（9）洞室穿越地面建筑物、地下构筑物、管道等既有工程时的相互影响。

4.详细勘察

详细勘察应采用钻探、钻孔物探和测试为主的勘察方法，必要时可结合施工导洞布置洞探，详细查明洞址、洞口、洞室穿越线路的工程地质和水文地质条件，分段划分岩体质量等级，评价洞体和围岩的稳定性，为设计支护结构和确定施工方案提供资料，详细勘察应进行下列工作。

（1）查明地层岩性及其分布，划分岩组和风化程度，进行岩石物理力学性质试验。

（2）查明断裂构造和破碎带的位置、规模、产状和力学属性，划分岩体结构类型。

（3）查明不良地质作用的类型、性质、分布，并提出防治措施的建议。

（4）查明主要含水层的分布、厚度、埋深，地下水的类型、水位、补给排泄条件，预测开挖期间出水状态、涌水量和水质的腐蚀性。

（5）城市地下洞室需降水施工时，应分段提出工程降水方案和有关参数。

（6）查明洞室所在位置及邻近地段的地面建筑和地下构筑物、管线状况，预测洞室开挖可能产生的影响，提出防护措施。

详细勘察可采用浅层地震勘探和孔间地震CT或孔间电磁波CT测试等方法，详细查明基岩埋深、岩石风化程度，隐伏体（如溶洞、破碎带等）的位置，在钻孔中进行弹性波波速测试，为确定岩体质量等级（围岩类别）、评价岩体完整性、计算动力参数提供资料。

二、地下洞室勘察的要求

1. 初步勘察

勘探与测试应符合下列要求。

（1）采用浅层地震剖面法或其他有效方法圈定断裂、构造破碎带，查明基岩埋深、划分风化带。

（2）勘探点宜沿洞室外侧交叉布置，勘探点间距宜为 100~200 m，采取试样和原位测试勘探孔不宜少于勘探孔总数的 2/3；控制性勘探孔深度，对岩体基本质量等级为Ⅰ级和Ⅱ级的岩体宜钻入洞底设计标高下 1~3 m；对Ⅲ级岩体应钻入 3~5 m。对Ⅳ级、Ⅴ级的岩体和土层，勘探孔深度应根据实际情况确定。

（3）每一主要岩层和土层均应采取试样，当有地下水时应采取水试样；当洞区存在有害气体或地温异常时，应进行有害气体成分、含量或地温测定；对高地应力地区，应进行地应力量测。

（4）必要时，可进行钻孔弹性波或声波测试，钻孔地震 CT 或钻孔电磁波 CT 测试。

（5）室内岩石试验和土工试验项目，应按岩土工程勘察室内试验的规定执行。

2. 详细勘察

勘探点宜在洞室中线外侧 6~8 m 交叉布置，山区地下洞室按地质构造布置，且勘探点间距不应大于 50 m；城市地下洞室的勘探点间距，岩土变化复杂的场地宜小于 25 m，中等复杂的宜为 25~40 m，简单的宜为 40~80 m。

采集试样和原位测试勘探孔数量不应少于勘探孔总数的 1/2。第四系中的控制性勘探孔深度应根据工程地质、水文地质条件、洞室埋深、防护设计等需要确定；一般性勘探孔可钻至基底设计标高下 6~10 m。控制性勘探孔深度，与初步勘察控制性勘探孔深度确定方法相同。

室内试验和原位测试，除应满足初步勘察的要求外，对城市地下洞室还应根据设计要求进行下列试验。

（1）采用承压板边长为 30 cm 的载荷试验测求地基基床系数。

（2）采用面热源法或热线比较法进行热物理指标试验，计算热物理参数：导温系数、导热系数和比热容。

3. 施工勘察

施工勘察应配合导洞或毛洞开挖进行，当发现与勘察资料有较大出入时，应提出修改设计和施工方案的建议。

地下洞室勘察，仅凭工程地质测绘、工程物探和少量的钻探工作，其精度是难以满足施工要求的，尚需依靠施工勘察和超前地质预报加以补充和修正。因此，施工勘察和地质超前预报关系到地下洞室掘进速度和施工安全，可以起到指导设计和施工的作用。超前地质预报主要内容包括下列四方面：断裂、破碎带和风化囊的预报；不稳定块体的预报；地下水活动情况的预报；地应力状况的预报。

超前预报的方法主要有超前导坑预报法、超前钻孔测试法和掌子面位移量测法等。

三、地下洞室监测

由于洞室的开挖破坏了岩体的原始应力状态，洞室将产生表面的位移收敛，对洞室进行收敛量测，可以评价其稳定性，并对防护设计工作具有指导意义。

收敛量测可以了解洞室的变形形态，判断围岩压力类型，推算最大位移，以正确指导设计和施工。收敛量测特别适用于软质岩石，因软质岩石在开挖后变形延续时间很长，变形后一般处在残余阶段。收敛位移的量测采用仪器有钢丝收敛计、卷尺式伸长计和套管式收敛计。洞室收敛量测拱断面的选择一般包括三条基线：边墙—拱顶，边墙—拱腰，拱腰—拱顶。测点的埋设可采用膨胀式锚钉，用 p12 mm、深 30 mm 的小孔，放入锚栓，拧紧后即可测量。量测工作应在下一步开挖循环前进行，并距上次爆破时间不超过 24h。根据量测记录绘制收敛曲线（位移与观测时间曲线），并分析岩体的应力状态、收敛的对称性和岩体的流变性。

四、地下洞室岩土工程评价

地下洞室围岩的稳定性评价可采用工程地质分析与理论计算相结合的方法，理论分析可采用数值法或弹性有限元图谱法计算。

当洞室可能产生偏压、膨胀压力、岩爆和其他特殊情况时，应进行专门研究。

五、地下洞室勘察报告内容

地下洞室岩土工程勘察报告，除包括岩土工程勘察一般要求外，还应包括下列内容。

（1）划分围岩类别。

（2）提出洞址、洞口、洞轴线位置的建议。

（3）对洞口、洞体的稳定性进行评价。

（4）提出支护方案和施工方法的建议。

（5）对地面变形和既有建筑的影响进行评价。

第四节　岸边工程岩土工程勘察

岸边工程是指港口工程、造船和修船水工建筑物及取水构筑物的岸边。本工作任务主要讨论港口工程的岩土工程勘察，也用于修船、造船水工建筑物、通航工程和取水构筑物的勘察。岸边工程处于水陆交互地带，往往一个工程跨越几个地貌单元，地层复杂，层位不稳定，常分布有软土、混合土、层状构造土。由于地表水的冲淤和地下水动水压力的影响，不良地质作用发育，多滑坡、岸、潜蚀、管涌等现象，船舶停靠挤压力，波浪、潮汐冲击力等均对岸坡稳定产生不利影响。因此岸边工程勘察任务就是要重点查明和评价这些问题，并提出治理措施的建议。

一、岸边工程勘察阶段的划分及主要手段

岸边工程的勘察阶段，对大、中型工程分为可行性研究、初步设计和施工图设计三个勘察阶段；对小型工程、地质条件简单或有成熟经验地区的工程可简化勘察阶段。

可行性研究勘察时，应进行工程地质测绘或踏勘调查，其内容包括地层分布、构造特点、地貌特征、岸坡形态、冲刷淤积、水位升降、岸滩变迁、淹没范围等情况和发展趋势。必要时应布置一定数量的勘探工作，并应对岸坡的稳定性和场址的适宜性做出评价，提出最优场址方案的建议。初步设计阶段勘察应符合下列规定。

（1）工程地质测绘，应调查岸线变迁和动力地质作用对岸线变迁的影响；埋藏河、湖、沟谷的分布及其对工程的影响；潜蚀、沙丘等不良地质作用的成因、分布、发展趋势及其对场地稳定性的影响。

（2）勘探线宜垂直岸向布置；勘探线和勘探点的间距，应根据工程要求、地貌特征、岩土分布、不良地质作用等确定；岸坡地段和岩石与土层组合地段宜

适当加密。

（3）勘探孔的深度应根据工程规模、设计要求和岩土条件确定。

（4）水域地段可采用浅层地震剖面或其他物探方法。

（5）对场地的稳定性应做出进一步评价，并对总平面布置、结构和基础形式、施工方法和不良地质作用的防治提出建议。

施工图设计阶段勘察时，勘探线和勘探点应结合地貌特征和地质条件，根据工程总平面布置确定，复杂地基地段应予加密。勘探孔深度应根据工程规模、设计要求和岩土条件确定，除建筑物和结构物特点与荷载外，应考虑岸坡稳定性、坡体开挖、支护结构、桩基等的分析计算需要。

据勘察结果，应对地基基础的设计和施工及不良地质作用的防治提出建议。

测定土的抗剪强度选用剪切试验方法时，应考虑下列因素。

（1）非饱和土在施工期间和竣工以后受水浸成为饱和土的可能性。

（2）土的固结状态在施工和竣工后的变化。

（3）挖方卸荷或填方增荷对土性的影响。

（4）各勘察阶段勘探线和勘探点的间距、勘探孔的深度、原位测试和室内试验的数量等的具体要求，应符合现行有关标准的规定。

二、岸边工程勘察的要求

岸边工程勘察应着重查明下列内容。

（1）地貌特征和地貌单元交界处的复杂地层。

（2）高灵敏软土、层状构造土、混合土等特殊土和基本质量等级为 V 级岩体的分布和工程特性。

（3）岸边滑坡、崩塌、冲刷、淤积、潜蚀、沙丘等不良地质作用。

三、岸边工程原位测试

岸边工程原位测试应符合岩土工程勘察原位测试各项要求，软土中可用静力触探或静力触探与旁压试验相结合，进行分层，测定土的模量、强度和地基承载力等。用十字板剪切试验，测定土的不排水抗剪强度。测定土的抗剪强度时剪切试验方法选用，应考虑下列因素。

（1）非饱和土在施工期间和竣工以后受水浸成为饱和土的可能性。

（2）土的固结状态在施工和竣工后的变化。

（3）挖方卸荷或填方增荷对土性的影响。

四、岸边工程岩土工程评价

评价岸坡和地基稳定性时，应考虑下列因素。

（1）正确选用设计水位。

（2）出现较大水头差和水位骤降的可能性。

（3）施工时的临时超载。

（4）较陡的挖方边坡。

（5）波浪作用。

（6）打桩影响。

（7）不良地质作用的影响。

五、岸边工程勘察报告内容

岸边工程岩土工程勘察报告除应包括岩土工程勘察报告一般内容外，还应根据相应勘察阶段的要求编写勘察报告，一般应包括下列内容。

（1）分析评价岸坡稳定性和地基稳定性。

（2）提出地基基础与支护设计方案的建议。

（3）提出防治不良地质作用的建议。

（4）提出岸边工程监测的建议。

第五节　边坡工程岩土工程勘察

一、大型边坡勘察各阶段的要求

大型边坡勘察宜分阶段进行，各阶段应符合下列要求。

（1）初步勘察应搜集地质资料，进行工程地质测绘和少量的勘探和室内试验，初步评价边坡的稳定性。

（2）详细勘察应对可能失稳的边坡及相邻地段进行工程地质测绘、勘探、试验、观测和分析计算，做出稳定性评价，对人工边坡提出最优开挖坡角；对可能失稳的边坡提出防护处理措施的建议。

（3）施工勘察应配合施工开挖进行地质编录，核对、补充前阶段的勘察资料，必要时，进行施工安全预报，提出修改设计的建议。

二、边坡工程勘察应查明的内容

（1）地貌形态，当存在滑坡、危岩和崩塌、泥石流等不良地质作用时，应符合不良地质作用勘察要求。

（2）岩土的类型、成因、工程特性、覆盖层厚度、基岩面的形态和坡度。

（3）岩体主要结构面的类型、产状、延展情况、闭合程度、充填状况、充水状况、力学属性和组合关系，主要结构面与临空面关系，是否存在外倾结构面。

（4）地下水的类型、水位、水压、水量、补给和动态变化，岩土的透水性和地下水的出露情况。

（5）地区气象条件（特别是雨期、暴雨强度），汇水面积、坡面植被，地表水对坡面、坡脚的冲刷情况。

（6）岩土的物理力学性质和软弱结构面的抗剪强度。

对于岩质边坡，工程地质测绘是勘察工作首要内容，并应着重查明边坡的形态和坡角，这对于确定边坡类型和稳定坡率是十分重要的；软弱结构面的产状和性质，因为软弱结构面一般是控制岩质边坡稳定的主要因素；测绘范围不能仅限于边坡地段，应适当扩大到可能对边坡稳定有影响的地段。

三、边坡工程勘察工作量布置原则

勘探线应垂直边坡走向布置，勘探点间距应根据地质条件确定。当遇有软弱夹层或不利结构面时，应适当加密。勘探孔深度应穿过潜在滑动面并深入稳定层2~5 m。除常规钻探外，可根据需要，采用探洞、探槽、探井和斜孔。

主要岩土层和软弱层应采取试样。每层的试样对土层不应少于6件，对岩层不应少于9件，软弱层宜连续取样。

四、室内试验、原位测试要求

三轴剪切试验的最高围压和直剪试验的最大法向压力的选择，应与试样在坡体中的实际受力情况相近。对控制边坡稳定的软弱结构面，宜进行原位剪切试验。对大型边坡，必要时可进行岩体应力测试、波速测试、动力测试、孔缝水压力测试和模型试验。

抗剪强度指标，应根据实测结果结合当地经验确定，并宜采用反分析方法验证。对永久性边坡，还应考虑强度可能随时间降低的效应。

大型边坡应进行监测，监测内容根据具体情况可包括边坡变形、地下水动态和易风化岩体的风化速度等。

五、边坡工程岩土工程评价方法

边坡的稳定性评价，应在确定边坡破坏模式的基础上进行，可采用工程地质类比法、图解分析法、极限平衡法、有限单元法进行综合评价。各区段条件不一致时，应分区段分析。边坡稳定系数 F 的取值，对新设计的边坡、重要工程宜取 1.30~1.50，一般工程宜取 1.15~1.30，次要工程宜取 1.05~1.15。采用峰值强度时取大值，采取残余强度时取小值。验算已有边坡稳定时，F 取 1.10~1.25。

六、边坡工程勘察报告内容

边坡岩土工程勘察报告应包括一般岩土工程勘探规定的内容，还应论述下列内容。

（1）边坡的工程地质条件和岩土工程计算参数。

（2）分析边坡和建在坡顶、坡上建筑物的稳定性，对坡下建筑物的影响。

（3）提出最优坡形和坡角的建议。

（4）提出不稳定边坡整治措施和监测方案的建议。

第六节　其他工程岩土工程勘察

一、管道和架空线路工程岩土工程勘察

本工作任务主要讨论长输油、气管道线路及其大型穿、跨越工程的岩土工程勘察及大型架空线路工程，包括 220 kV 及其以上的高压架空送电线路、大型架空索道等的岩土工程勘察。

二、管道和架空线路工程勘察阶段的划分

1. 管道工程勘察阶段划分

管道工程勘察阶段的划分应与设计阶段相适应。长输油、气管道工程等大型管道工程和大型穿越、跨越工程可分为选线勘察、初步勘察和详细勘察三个阶段。中型工程可分为选线勘察和详细勘察两个阶段。对于小型线路工程和小型穿跨越工程一般不分阶段，一次达到详勘要求。初步勘察应以搜集资料和调查为主。

管道遇有河流、湖泊、冲沟等地形、地物障碍时，必须跨越或穿越通过。根据国内外的经验，一般是穿越较跨越好，但是管道线路经过的地区，各种自然条件不尽相同，有时因为河床不稳，要求穿越管线埋藏很深；有时沟深坡陡，管线敷设的工程量很大；有时水深流急施工穿越工程特别困难；有时因为对河流经常疏浚或渠道经常扩挖，影响穿越管道的安全。在这些情况下，采用跨越的方式比穿越方式好。因此应根据具体情况因地制宜地确定穿越或跨越方式。

河流的穿、跨越点选得是否合理，是关系到设计、施工和管理的关键问题。所以，在确定穿、跨越点以前，应进行必要的选址勘察工作。通过认真的调查研究，比选出最佳的穿、跨越方案。既要照顾到整个线路走向的合理性，又要考虑到岩土工程条件的适宜性。

2. 架空线路工程勘察阶段划分

大型架空线路工程可分为初步设计勘察和施工图设计勘察两阶段；小型架空线路可合并勘察阶段。初步设计勘察应以搜集和利用航测资料为主。大跨越地段应做详细的调查或工程地质测绘，必要时，辅以少量的勘探、测试工作。

（一）管道和架空线路工程勘察的内容

1. 管道工程各阶段工作内容与要求

（1）选线勘察阶段工作内容与要求。

选线勘察应通过搜集资料、测绘与调查，掌握各方案的主要岩土工程问题，对拟选穿、跨越河段的稳定性和适宜性做出评价，并应符合下列要求：

1）调查沿线地形地貌、地质构造、地层岩性、水文地质等条件，推荐线路越岭方案。

2）调查各方案通过地区的特殊性岩土和不良地质作用，评价其对修建管道的危害程度。

3）调查控制线路方案河流的河床和岸坡的稳定程度，提出穿、跨越方案比选的建议。

4）调查沿线水库的分布情况，近期和远期规划，水库水位、回水浸没和坍岸的范围及其对线路方案的影响。

5）调查沿线矿产、文物的分布概况。

6）调查沿线地震动参数或抗震设防烈度。

穿越和跨越河流的位置应选择河段顺直，河床与岸坡稳定，水流平缓，河床断面大致对称，河床岩土构成比较单一，两岸有足够施工场地等有利河段。宜避开下列河段。

1）河道异常弯曲，主流不固定，经常改道。

2）河床为粉细砂组成，冲淤变幅大。

3）岸坡岩土松软，不良地质作用发育，对工程稳定性有直接影响或潜在威胁。

4）断层河谷或发震断裂。

（2）初步勘察阶段工作内容。

初步勘察应以搜集资料和调查为主。管道通过河流、冲沟等地段宜进行物探。地质条件复杂的大中型河流，应进行钻探。

初勘工作主要是在选线勘察的基础上，进一步搜集资料，现场踏勘，进行工程地质测绘和调查，对拟选线路方案的岩土工程条件做出初步评价，协同设计人员选择最优的线路方案。这一阶段的工作主要是进行测绘和调查，尽量利用天然和人工露头，一般不进行勘探和试验工作，只在地质条件复杂、露头条件不好的地段，才进行简单的勘探工作。因为在初勘时，还可能有几个比选方案。如果每一个方案都进行较为详细的勘察工作，工作量太大。所以，在确定工作内容时，要求初步查明管道埋设深度内的地层岩性、厚度和成因，这里的"初步查明"是指把岩土的基本性质查清楚，如有无流沙、软土和对工程有影响的不良地质作用。

穿、跨越工程的初勘工作，也以搜集资料、踏勘、调查为主，必要时进行物探工作。山区河流，河床的第四系覆盖层厚度变化大，单纯用钻探手段难以控制，可采用电法或地震勘探，以了解基岩埋藏深度。对于大中型河流，除地面调查和物探工作外，尚需进行少量的钻探工作，对于勘探线上的勘探点间距，未做具体规定，以能初步查明河床地质条件为原则。这是考虑到本阶段对河床地层的研究仅是初步的，山区河流同平原河流的河床沉积差异性很大，即使是同一条河流，上游与下游也有较大的差别。因此，勘探点间距应根据具体情况确定。至于勘探孔的深度，可以与详勘阶段的要求相同。

初步勘察阶段工作内容主要包括以下几点。

1）划分沿线的地貌单元。

2）初步查明管道埋设深度内岩土的成因、类型、厚度和工程特性。

3）调查对管道有影响的断裂的性质和分布。

4）调查沿线各种不良地质作用的分布、性质、发展趋势及其对管道的影响。

5）调查沿线井、泉的分布和地下水位情况。

6）调查沿线矿藏分布及开采和采空情况。

7）初步查明拟穿、跨越河流的洪水淹没范围，评价岸坡稳定性。

（3）详细勘察应查明沿线的岩土工程条件和水、土对金属管道的腐蚀性，提出工程设计所需要的岩土特性参数。穿、跨越地段的勘察应符合下列规定。

1）穿越地段应查明地层结构、土的颗粒组成和特性；查明河床冲刷和稳定程度；评价岸坡稳定性，提出护坡建议。

2）抗震设防烈度不小于 M 度地区的管道工程，勘察工作应满足抗震设计勘察的要求（场地和地基的地震效应）。

2. 架空线路工程

初步设计勘察应以搜集资料、利用航测资料和踏勘调查为主，大跨越地段应做详细的调查或工程地质测绘，必要时，辅以少量的勘探、测试，以及适当的勘探工作。为了能选择地质、地貌条件较好，路径短、安全、经济、交通便利、施工方便的线路方案，可按不同地质、地貌情况分段提出勘察报告。

调查和测绘工作，重点是调查研究路径方案跨河地段的岩土工程条件和沿线的不良地质作用，对各路径方案沿线地貌、地层岩性、特殊性岩土分布、地下水情况也应了解，以便正确划分地貌、地质地段，结合有关文献资料归纳整理提出岩土工程勘察报告。对特殊设计的大跨越地段和主要塔基，应做详细的调查研究，当已有资料不能满足要求时，还应进行适量的勘探测试工作。

（1）初步设计勘察应符合下列要求。

1）调查沿线地形地貌、地质构造、地层岩性和特殊性岩土的分布、地下水及不良地质作用，并分段进行分析评价。

2）调查沿线矿藏分布、开发计划与开采情况；线路宜避开可采矿层；对已开采区，应对采空区的稳定性进行评价。

3）对大跨越地段，应查明工程地质条件，进行岩土工程评价，推荐最优跨越方案。

（2）施工图设计勘察应符合下列要求。

1）平原地区应查明塔基土层的分布、埋藏条件、物理力学性质、水文地质条件及环境水对混凝土和金属材料的腐蚀性。

2）丘陵和山区除查明1）的内容外，还应查明塔基近处的各种不良地质作用，提出防治措施建议。

3）大跨越地段还应查明跨越河段的地形地貌，塔基范围内地层岩性、风化破碎程度、软弱夹层及其物理力学性质；查明对塔基有影响的不良地质作用，并提出防治措施建议。

4）对特殊设计的塔基和大跨越塔基，当抗震设防烈度不小于Ⅴ度时，勘察工作应满足抗震设计要求。

（3）施工图设计勘察阶段，对架空线路工程的转角塔、耐张塔、终端塔、大跨越塔等重要塔基和地质条件复杂地段，应逐个进行塔基勘探。

1）平原地区勘察。转角、耐张、跨越和终端塔等重要塔基和复杂地段应逐基勘探，对简单地段的直线塔基勘探点间距可酌情放宽。

2）线路经过丘陵和山区，应围绕塔基稳定性并以此为重点进行勘察工作，主要是查明塔基及其附近是否有滑坡、崩塌、倒石堆、冲沟、岩溶和人工洞穴等不良地质作用及其对塔基稳定性的影响。

3）跨越河流湖沼勘察对跨越地段杆塔位置的选择，应与有关专业共同确定。对于岸边和河中立塔，尚需根据水文调查资料（包括百年一遇洪水、淹没范围、岸边与河床冲刷以及河床演变等），结合塔位工程地质条件，对杆塔地基的稳定性做出评价，跨越河流或湖沼，宜选择在跨距较短、岩土工程条件较好的地点布设杆塔，对跨越塔，宜布置在两岸地势较高、岸边稳定、地基土质坚实、地下水埋藏较深处；在湖沼地区立塔，则宜将塔位布设在湖沼沉积层较薄处，并需着重考虑杆塔地基环境水对基础的腐蚀性。

架空线路杆塔基础受力的基本特点是上拔力、下压力或倾覆力。因此，应根据杆塔性质（直线塔或耐张塔等），基础受力情况和地基情况进行基础上拔稳定计算、基础倾覆计算和基础下压地基计算。

（二）管道和架空线路工程勘察工作量布置

1.管道工程

（1）初步勘察阶段。

每个穿、跨越方案宜布置勘探点 1~3 个；对管道线路工程，勘探点间距视地质条件复杂程度而定，宜为 200~1000 m，包括地质点及原位测试点，并应根据地形、地质条件复杂程度适当增减；勘探孔深度宜为管道埋设深度以下 1~3 m；当采用沟埋敷设方式穿越时，勘探孔深度宜钻至河床最大冲刷深度以下 3~5 m；当采用顶管或定向钻方式穿越时，勘探孔深度应根据设计要求确定。

（2）详细勘察勘探点的布置，应满足下列要求。

1）勘探点间距视地质条件复杂程度而定，宜为 200~1000 m，包括地质点及原位测试点，并应根据地形、地质条件复杂程度适当增减；勘探孔深度宜为管道埋设深度以下 1~3 m。

2）勘探点应布置在穿越管道的中线上，偏离中线不应大于 3 m，勘探点间距宜为 30~100 m，并不应少于 3 个；当采用沟埋敷设方式穿越时，勘探孔深度宜钻至河床最大冲刷深度以下 3~5 m；当采用顶管或定向钻方式穿越时，勘探孔深度应根据设计要求确定。抗震设防烈度不小于Ⅵ度地区的管道工程，勘察工作应满足抗震勘察要求。

2.架空线路工程

施工图设计勘察阶段直线塔基地段宜每 3~4 个塔基布置一个勘探点；深度应根据杆塔受力性质和地质条件确定。对架空线路工程的转角塔、耐张塔、终端塔、大跨越塔等重要塔基和地质条件复杂地段，应逐个进行塔基勘探。根据国内已建和在建的 500 kV 送电线路工程勘察方案的总结，结合土质条件、塔的基础类型、基础埋深和荷重大小以及塔基受力的特点，按有关理论计算结果，勘探孔深度一般为基础埋置深度下 0.5~2.0 倍基础底面宽度。

3. 管道工程岩土工程勘察报告的内容

（1）选线勘察阶段，应简要说明线路各方案的岩土工程条件，提出各方案的比选推荐建议。

（2）初步勘察阶段，应论述各方案的岩土工程条件，并推荐最优线路方案；对穿、跨越工程还应评价河床及岸坡的稳定性，提出穿、跨越方案的建议。

（3）详细勘察阶段，应分段评价岩土工程条件，提出岩土工程设计参数和设计、施工方案的建议；对穿越工程尚应论述河床和岸坡的稳定性，提出护岸措施的建议。

4. 架空线路工程岩土工程勘察报告的内容

（1）初步设计勘察阶段，应论述沿线岩土工程条件和跨越主要河流地段的岸坡稳定性，选择最优线路方案。

（2）施工图设计勘察阶段，应提出塔位明细表，论述塔位的岩土条件和稳定性，并提出设计参数和基础方案以及工程措施等建议。

（三）废弃物处理岩土工程勘察

废弃物包括矿山尾矿、火力发电厂灰渣、氧化铝厂赤泥等工业废料，以及城市固体垃圾等各种废弃物。由于我国工业和城市废弃物处理的问题日益突出，废弃物处理工程日益增多，为适应社会的需求和工程的需要，必须对废弃物处理进行岩土工程勘察。本工作任务主要讨论工业废渣堆场、垃圾填埋场等固体废弃物处理工程的岩土工程勘察，核废料处理场地的勘察应满足有关规范的要求，此处不做讨论。

1. 废弃物处理工程勘察的范围

废弃物处理工程勘察的范围应包括堆填场（库区）、初期坝、相关的管线、隧洞等构筑物和建筑物以及邻近相关地段，并应进行地方建筑材料的勘察。

2. 废弃物处理工程的岩土工程勘察的任务

（1）查明地形地貌特征和气象水文条件。

（2）查明地质构造、岩土分布和不良地质作用。

（3）查明岩土的物理力学性质。

（4）查明水文地质条件、岩土和废弃物的渗透性。

（5）查明场地、地基和边坡的稳定性。

（6）查明污染物的运移，对水源和岩土的污染，对环境的影响。

（7）查明筑坝材料和防渗覆盖用黏土的调查。

（8）查明全新活动断裂、场地地基和堆积体的地震效应。

3. 废弃物处理工程的勘察阶段划分和勘察方法

废弃物处理工程的勘察应配合工程建设分阶段进行,可分为可行性研究勘察、初步勘察和详细勘察,并应符合有关标准的规定。

（1）可行性研究勘察应主要采用踏勘调查,必要时辅以少量勘探工作,对拟选场地的稳定性和适宜性做出评价。

（2）初步勘察应以工程地质测绘为主,辅以勘探、原位测试、室内试验、对拟建工程的总平面布置、场地的稳定性、废弃物对环境的影响等进行初步评价,并提出建议。

（3）详细勘察应采用勘探、原位测试和室内试验等手段进行,地质条件复杂地段应进行工程地质测绘,获取工程设计所需的参数,提出设计施工和监测工作的建议,并对不稳定地段和环境影响进行评价,提出治理建议。

4. 废弃物处理工程勘察前应搜集的技术资料

（1）废弃物的成分、粒度、物理和化学性质,废弃物的日处理量、输送和排放方式。

（2）堆场或填埋场的总容量、有效容量和使用年限。

（3）山谷型堆填场的流域面积、降水量、径流量、多年一遇洪峰流量。

（4）初期坝的坝长和坝顶标高,加高坝的最终坝顶标高。

（5）活动断裂和抗震设防烈度。

（6）邻近的水源地保护带、水源开采情况和环境保护要求。

5. 废弃物处理工程的工程地质测绘

废弃物处理工程的工程地质测绘应包括场地的全部范围及其邻近有关地段,其比例尺初步勘察宜为1：2000~1：5000,详细勘察的复杂地段不应小于1：1000,着重调查下列内容。

（1）地貌形态、地形条件和居民区的分布。

（2）洪水、滑坡、泥石流、岩溶、断裂等与场地稳定性有关的不良地质作用。

（3）有价值的自然景观、文物和矿产的分布,矿产的开采和采空情况。

（4）与渗漏有关的水文地质问题。

（5）生态环境。

6. 废弃物处理工程专门水文地质勘察

在可溶岩分布区,应着重查明岩溶发育条件,溶洞、土洞、塌陷的分布,岩溶水的通道和流向，岩溶造成地下水和渗出液的渗漏，岩溶对工程稳定性的影响。

初期坝的筑坝材料勘察及防渗和覆盖用黏土材料的勘察，应包括材料的产地、储量、性能指标、开采和运输条件。可行性勘察时应确定产地，初步勘察时应基本完成。

（四）工业废渣堆场岩土工程勘察

1. 工业废渣

工业废渣包括矿山尾矿、火力发电厂灰渣、氧化铝厂赤泥等工业废料。

2. 工业废渣勘察任务

对场地进行岩土工程分析评价，并提出防治措施建议；对废渣加高坝，应分析评价现状和达到最终高度时的稳定性，提出堆积方式和应采取措施的建议；提出边坡稳定、地下水位、库区渗漏等方面监测工作的建议。

3. 工业废渣堆场详细勘察时勘探工作的规定

（1）勘探线宜平行于堆填场、坝、隧洞、管线等构筑物的轴线布置，勘探点间距应根据地质条件复杂程度确定。

（2）对初期坝，勘探孔的深度应能满足分析稳定、变形和渗漏的要求。

（3）与稳定、渗漏有关的关键性地段，应加密加深勘探孔或专门布置勘探工作。

（4）可采用有效的物探方法辅助钻探和井探。

（5）隧洞勘察根据地下洞室的勘察要求进行。

4. 废渣材料加高坝的勘察

废渣材料加高坝的勘察应采用勘探、原位测试和室内试验的方法进行，并应着重查明下列内容。

（1）已有堆积体的成分、颗粒组成、密实程度、堆积规律。

（2）堆积材料的工程特性和化学性质。

（3）堆积体内浸润线位置及其变化规律。

（4）已运行坝体的稳定性，继续堆积至设计高度的适宜性和稳定性。

（5）废渣堆积坝在地震作用下的稳定性和废渣材料的地震液化可能性。

（6）加高坝运行可能产生的环境影响。

5. 废渣材料加高坝的勘察

按堆积规模，垂直坝轴线布设不少于3条勘探线，勘探点间距在堆场内可适当增大；一般勘探孔深度应进入自然地面以下一定深度，控制性勘探孔深度应能查明可能存在的软弱层。

6. 工业废渣堆场的岩土工程评价内容

（1）洪水、滑坡、泥石流、岩溶、断裂等不良地质作用对工程的影响。

（2）坝基、坝肩和库岸的稳定性，地震对稳定性的影响。

（3）坝址和库区的渗漏及建库对环境的影响。

（4）对地方建筑材料的质量、储量、开采和运输条件，进行技术经济分析。

7. 工业废渣堆场的勘察报告

工业废渣堆场的勘察报告除应符合岩土工程勘察报告的一般规定外，还应包括下列内容。

（1）进行岩土工程分析评价，并提出防治措施的建议。

（2）对废渣加高坝的勘察，应分析评价现状和达到最终高度时的稳定性，提出堆积方式和应采取措施的建议。

（3）提出边坡稳定、地下水位、库区渗漏等方面监测工作的建议。

（五）垃圾填埋场岩土工程勘察

废弃物的堆积方式和工程性质不同于天然土，按其性质可分为拟土废弃物和非土废弃物。拟土废弃物如尾矿赤泥、灰渣等，类似于砂土、粉土、黏性土，其颗粒组成、物理性质、强度、变形、渗透和动力性质，可用土工试验方法测试。非土废弃物如生活垃圾，取样测试都较困难，应针对具体情况进行专门考虑。有些力学参数也可通过现场监测，用反分析方法确定。

（1）垃圾填埋场勘察前搜集资料时，除应遵守废弃物处理工程勘察前应搜集资料的规定外，还应包括下列内容。

1）垃圾的种类、成分和主要特性及填埋的卫生要求。

2）填埋方式和填埋程序以及防渗衬层和封盖层的结构，渗出液集排系统的布置。

3）防渗衬层、封盖层和渗出液集排系统对地基和废弃物的容许变形要求。

4）截污坝、污水池、排水井、输液输气管道和其他相关构筑物情况。

（2）垃圾填埋场的勘探测试，除应遵守工业废渣堆场详细勘察的规定外，还应符合下列要求。

1）需进行变形分析的地段，其勘探深度应满足变形分析的要求。

2）岩土和拟土废弃物的测试，根据岩土工程勘察的原位测试和室内试验的规定执行，非土废弃物的测试，应根据其种类和特性采用合适的方法，并可根据现场监测资料，用反分析方法获取设计参数。

3）测定垃圾渗出液的化学成分，必要时进行专门试验，研究污染物的运移规律。

（3）垃圾填埋场勘察的岩土工程评价。力学稳定和化学污染是废弃物处理工程评价两大主要问题，垃圾填埋场勘察的岩土工程评价除应按工业废渣堆场的岩土工程评价规定执行外，还应包括下列内容。

1）工程场地的整体稳定性以及废弃物堆积体的变形和稳定性。

2）地基和废弃物变形，导致防渗衬层、封盖层及其他设施失效的可能性；因为变形有时也会影响工程的安全和正常使用，土石坝的差异沉降可引起坝身裂缝；废弃物和地基土的过量变形，可造成封盖和底部密封系统开裂。

3）坝基、坝肩、库区和其他有关部位的渗漏。

4）预测水位变化及其影响。

5）污染物的运移及其对水源、农业、岩土和生态环境的影响。

（4）垃圾填埋场的岩土工程勘察报告，除应符合岩土工程勘察报告的一般规定外，还应符合下列规定。

1）按垃圾填埋场勘察的岩土工程评价要求进行岩土工程分析评价。

2）提出保证稳定、减少变形、防止渗漏和保护环境措施的建议。

3）提出筑坝材料、防渗和覆盖用黏土等地方材料的产地及相关事项的建议。

4）提出有关稳定、变形、水位、渗漏、水土和渗出液化学性质监测工作的建议。

三、核电厂岩土工程勘察

核电厂是各类工业建筑中安全性要求最高、技术条件最为复杂的工业设施。在总结已有核电厂勘察经验的基础上，遵循核电厂安全法规和导则的有关规定，参考国外核电厂前期工作的经验，确定核电厂岩土工程勘察。本工作任务适用于各种核反应堆型的陆上商用核电厂的岩土工程勘察。

（一）核电厂勘察阶段的划分

核电厂岩土工程勘察的安全分类，可分为与核安全有关建筑和常规建筑两类。核电厂中与核安全有关的建筑物有核反应堆厂房、核辅助厂房、电气厂房、核燃料厂房及换料水池、安全冷却水泵房及有关取水构筑物、其他与核安全有关的建筑物，除此之外，其余建筑物均为常规建筑物。与核安全有关建筑物应为岩土工程勘察的重点。

核电厂岩土工程勘察可划分为初步可行性研究、可行性研究、初步设计、施工图设计和工程建造等 5 个勘察阶段。

（1）初步可行性研究阶段应进行工程地质测绘、勘探和测试、物探辅助勘察。

（2）可行性研究勘察应进行工程地质测绘、勘探和测试。

（3）初步设计核岛地段勘察应进行钻探、测试。

（4）施工图设计阶段勘察应进行钻探。

（5）工程建造阶段勘察主要是现场检验和监测。

（二）勘察阶段的要求和工作量布置原则

1. 初步可行性研究阶段

初步可行性研究阶段应对两个或两个以上厂址进行勘察，最终确定 1~2 个候选厂址。勘察工作以搜集资料为主，根据地质条件复杂程度进行调查、测绘、钻探、测试和试验。初步可行性研究勘察应对各拟选厂址的区域地质、厂址工程地质和水文地质、地震参数区划、历史地震及历史地震的影响烈度以及近期地震活动等方面资料加以研究分析，对厂址的场地稳定性、地基条件、环境水文地质和环境地质做出初步评价，提出建厂的适宜性意见。

厂址工程地质测绘的比例尺应选用 1：1000~1：25000，范围应包括厂址及其周边地区，面积不宜小于 4 km²。

初步可行性研究阶段工程地质测绘内容包括地形、地貌、地层岩性、地质构造、水文地质以及岩溶、滑坡、崩塌、泥石流等不良地质作用。重点调查断层构造的展布和性质，必要时应实测剖面。

（1）初步可行性研究勘察，应通过必要的勘探和测试，提出厂址的主要工程地质分层，提供岩土初步的物理力学性质指标，了解预选核岛区附近的岩土分布特征，并应符合下列要求。

1）每个厂址勘探孔不宜少于两个，深度应为预计设计地坪标高以下 30~60 m。

2）应全断面连续取芯，回次岩芯采取率对一般岩石应大于 85%，对破碎岩石应大于 70%。

3）每一主要岩土层应采取 3 组以上试样；勘探孔内间隔 2~3 m 应做标准贯入试验一次，直至连续的中等风化以上岩体为止；当钻进至岩石全风化层时，应增加标准贯入试验频次，试验间隔不应大于 0.5 m。

4）岩石试验项目应包括密度、弹性模量、泊松比、抗压强度、软化系数、抗剪强度和压缩波速度等：土的试验项目应包括颗粒分析、天然含水率、密度、相对密度、塑限、液限、压缩系数、压缩模量和抗剪强度等。

初步可行性研究勘察，对岩土工程条件复杂的厂址，可选用物探辅助勘察，了解覆盖层的组成、厚度和基岩面的埋藏特征，了解隐伏岩体的构造特征，了解是否存在洞穴和隐伏的软弱带。

在河海岸坡和山丘边坡地区，应对岸坡和边坡的稳定性进行调查，并做出初步分析评价。

（2）评价厂址适宜性应考虑下列因素。

1）有无能动断层，是否对厂址稳定性构成影响。

2）是否存在影响厂址稳定的全新世火山活动。

3）是否处于地震设防烈度大于Ⅵ度的地区，是否存在与地震有关的潜在地质灾害。

4）厂址区及其附近有无可开采矿藏，有无影响地基稳定的人类历史活动、地下工程、采空区、洞穴等。

5）是否存在可造成地面塌陷、沉降、隆起和开裂等永久变形的地下洞穴、特殊地质体、不稳定边坡和岸坡、泥石流及其他不良地质作用。

6）有无可供核岛布置的场地和地基，并具有足够的承载力。

7）是否危及供水水源或对环境地质构成严重影响。

根据我国目前的实际情况，核岛基础一般选择在中等风化、微风化或新鲜的硬质岩石地基上，其他类型的地基并不是不可以放置核岛，只是由于我国在这方面的经验不足，应当积累经验。

2.可行性研究勘察阶段

（1）可行性研究勘察内容应符合下列规定。

1）查明厂址地区的地形地貌、地质构造、断裂的展布及其特征。

2）查明厂址范围内地层成因、时代、分布和各岩层的风化特征，提供初步的动静物理力学参数；对地基类型、地基处理方案进行论证，提出建议。

3）查明危害厂址的不良地质作用及其对场地稳定性的影响，对河岸、海岸、边坡稳定性做出初步评价，并提出初步的治理方案。

4）判断抗震设计场地类别，划分对建筑物有利、不利和危险地段，判断地震液化的可能性。

5）查明水文地质基本条件和环境水文地质的基本特征。

可行性研究勘察应进行工程地质测绘，测绘范围应包括厂址及其周边地区，测绘地形图比例尺为1：1000~1：2000，测绘要求按工程地质测绘和调查以及其他有关规定执行。本阶段厂址区的岩土工程勘察应以钻探和工程物探相结合的方式，查明基岩和覆盖层的组成、厚度和工程特性，如基岩埋深、风化特征、风化层厚度等；并应查明工程区存在的隐伏软弱带、洞穴和重要的地质构造；对水域应结合水工建筑物布置方案，查明海（湖）积地层分布、特征和基岩面起伏状况。

（2）可行性研究阶段的勘探和测试应符合下列规定。

1）厂区的勘探应结合地形、地质条件采用网格状布置，勘探点间距宜为150 m。控制性勘探点应结合建筑物和地质条件布置，数量不宜少于勘探点总数的1/3，沿核岛和常规岛中轴线应布置勘探线，勘探点间距宜适当加密，并应满足主体工程布置要求，保证每个核岛和常规岛不少于1个。

2）勘探孔深度，对基岩场地宜进入基础底面以下基本质量等级为Ⅰ级、Ⅱ级的岩体不少于10 m；对第四纪地层场地宜达到设计地坪标高以下40 m，或进入Ⅰ级、Ⅱ级岩体不少于3 m；核岛区控制性勘探孔深度，宜达到基础底面以下2倍反应堆厂房直径，常规岛区控制性勘探孔深度，不宜小于地基变形计算深度，或进入基础底面以下Ⅰ级、Ⅱ级、Ⅲ级岩体3 m；对水工建筑物应结合水下地形布置，并考虑河岸、海岸的类型和最大冲刷深度。

3）岩石钻孔应全断面取芯，每回次岩芯采取率对一般岩石应大于85%，对破碎岩石应大于70%，并统计RQD、节理条数和倾角，每一主要岩层应采取3组以上的岩样。

4）根据岩土条件，选用适当的原位测试方法，测定岩土的特性指标，并可用声波测试方法，评价岩体的完整程度和划分风化等级。

5）在核岛位置，宜选1~2个勘探孔，采用单孔法或跨孔法，测定岩土的压缩波速和剪切波速，计算岩土的动力参数。

6）岩土室内试验项目除了要求外，增加每个岩体（层）代表试样的动弹性模量、动泊松比和动阻尼比等动态参数测试。

（3）可行性研究阶段的地下水调查和评价应符合下列规定。

1）结合区域水文地质条件，查明厂区地下水类型，含水层特征，含水层数量、埋深、动态变化规律及其与周围水体的水力联系和地下水化学成分。

2）结合工程地质钻探对主要地层分别进行注水、抽水或压水试验测，测求地层的渗透系数和单位吸水率，初步评价岩体的完整性和水文地质条件。

3）必要时，布置适当的长期观测孔，定期观测和记录水位，每季度定时取水样一次做水质分析，观测周期不应少于一个水文年。

可行性研究阶段应根据岩土工程条件和工程需要，进行边坡勘察、土石方工程和建筑材料的调查和勘察。

3. 初步设计勘察阶段

（1）初步设计勘察应分核岛、常规岛、附属建筑和水工建筑4个地段进行，并应符合下列要求。

1）查明各建筑地段的岩土成因、类别、物理性质和力学参数，并提出地基处理方案。

2）进一步查明勘察区内断层分布、性质及其对场地稳定性的影响，提出治理方案的建议。

3）对工程建设有影响的边坡进行勘察，并进行稳定性分析和评价，提出边坡设计参数和治理方案的建议。

4）查明建筑地段的水文地质条件。

5）查明对建筑物有影响的不良地质作用，并提出治理方案的建议。

（2）初步设计核岛地段勘察应满足设计和施工的需要，勘探孔的布置、数量和深度应符合下列规定。

1）应布置在反应堆厂房周边和中部，当场地岩土工程条件较复杂时，可沿十字交叉线加密或扩大范围。勘探点间距宜为10~30 m。

2）勘探点数量应能控制核岛地段地层岩性分布，并能满足原位测试的要求。每个核岛勘探点总数不应少于10个，其中反应堆厂房不应少于5个，控制性勘探点不应少于勘探点总数的1/2。

3）控制性勘探孔深度宜达到基础底面以下2倍反应堆厂房直径，一般性勘探孔深度宜进入基础底面以下Ⅰ级、Ⅱ级岩体不少于10 m。波速测试孔深度不应小于控制性勘探孔深度。

（3）初步设计常规岛地段勘察，首先应符合一般建筑物工程的规定，另外需满足下列要求。

1）勘探点应沿建筑物轮廓线、轴线或主要柱列线布置，每个常规岛勘探点总数不应少于10个，其中控制性勘探点不宜少于勘探点总数的1/4。

2）控制性勘探孔深度对岩质地基应进入基础底面下Ⅰ级、Ⅱ级岩体不少于3 m，对土质地基应钻至压缩层以下10~20 m；一般性勘探孔深度，岩质地基应进入中等风化层3~5 m，土质地基应达到压缩层底部。

（4）初步设计阶段水工建筑的勘察应符合下列规定。

1）泵房地段钻探工作应结合地层岩性特点和基础埋置深度，每个泵房勘探点数量不应少于 2 个，一般性勘探孔应达到基础底面以下 1~2 m，控制性勘探孔应进入中等风化岩石 1.5~3.0 m；土质地基中控制性勘探孔深度应达到压缩层以下 5~10 m。

2）位于土质场地的进水管线，勘探点间距不宜大于 30 m，一般性勘探孔深度应达到管线底标高以下 5 m，控制性勘探孔应进入中等风化岩石 1.5~3.0 m。

3）与核安全有关的海堤、防波堤、钻探工作应针对该地段所处的特殊地质环境布置，查明岩土物理力学性质和不良地质作用。勘探点宜沿堤轴线布置，一般性勘探孔深度应达到堤底设计标高以下 10 m，控制性勘探孔应穿透压缩层或进入中等风化岩石 1.5~3.0 m。

4. 施工图设计阶段

施工图设计阶段应完成附属建筑的勘察和主要水工建筑以外其他水工建筑的勘察，并根据需要进行核岛、常规岛和主要水工建筑的补充勘察。勘察内容和要求可按初步设计阶段有关规定执行，每个与核安全有关的附属建筑物不应少于一个控制性勘探孔。

5. 工程建造阶段

工程建造阶段勘察主要是现场检验和监测，其内容和要求按现场检验和监测有关规定及相关规定执行。

（三）室内实验和现场测试

1. 初步可行性研究阶段的室内实验项目

岩石试验项目应包括密度、弹性模量、泊松比、抗压强度、软化系数、抗剪强度和压缩波速度等，土的试验项目应包括颗粒分析、天然含水率、密度、相对密度、塑限、液限、压缩系数、压缩模量和抗剪强度等。

2. 可行性研究阶段的室内实验项目

岩土室内试验项目除应符合初步可行性勘察阶段的要求外，增加每个岩体（层）代表试样的动弹性模量、动泊松比和动阻尼比等动态参数测试。

3. 初步设计阶段勘察的测试

本测试除应满足一般建筑物试验、原位测试和监测的要求外，尚应符合下列规定。

（1）根据岩土性质和工程需要，选择合适的原位测试方法，包括波速测试、动力触探试验、抽水试验、注水试验、压水试验和岩体静载荷试验等；并对核反应堆厂房地基进行跨孔法波速测试和钻孔弹模测试，测求核反应堆厂房地基波速和岩石的应力应变特性。

（2）室内试验除进行常规试验外，还应测定岩土的动静弹性模量、动静泊松比、动阻尼比、动静剪切模量、动抗剪强度、波速等指标。

（四）核电厂监测内容

除了符合岩土工程勘察规定的监测内容外，还应包括：①地震活动监测系统；②放射性流出物和环境监测；③核电厂常规岛热力性能在线监测等内容。

（五）核电厂勘察报告内容

核电厂勘察报告除应符合岩土工程勘察规范规定的报告内容外，还应有核电厂各勘察阶段进行的所有工作和提供资料的描述。

结　语

在建筑工程中，岩土工程主要研究岩石与土壤的特点，建筑工程中的工作人员通过分析施工现场中岩石与土壤具有的特点，提前了解建筑工程的施工环境，并根据岩石与土壤的施工情况，采取合理的施工方案。建筑岩土工程中的施工人员在实际施工中，应该严格遵守国家相关规定，对建筑施工现场中的岩石与土壤进行合理勘测，从而保证建筑工程的施工质量。

地质勘查主要研究建筑施工现场中特定区域的岩石土壤和地质形貌，在调查的过程中，建筑工程中的地质勘查人员可以根据施工现场的实际情况，采用独特的勘查技术，保证建筑地质勘查质量。在建筑工程当中，地质勘查主要包括建筑现场水质勘查与施工现场土壤勘查。建筑工程中的地质勘查工作是一项非常重要的工作，在实际勘查过程中，需要建筑施工现场中的地质勘查人员具备非常高的专业素养，保证建筑地质勘查工作顺利开展。

随着建筑工程的发展，项目的难度逐渐加大，对于地基的承载力和变形要求也越来越高。为达到地基的经济性和安全性，岩土工程勘察工作尤为重要。面对不同的地质条件，不同的建筑物特点和要求，不同的建筑周围的平面布局，对地基的范围和深度都有着不同的规划。数据显示，世界各国的工程事故，多数是由于地基基础的不合理造成的。有计划地、科学地进行岩土工程勘察，是保证建筑物安全使用的基础。

参考文献

[1] 李明.复杂地质条件下岩土工程勘察技术的应用 [J].建筑技术开发，2021，48（21）：157-158.

[2] 黎曜炜.高层建筑岩土工程勘察关键技术 [J].中国建筑金属结构，2021（10）：116-118.

[3] 王守彪.基于复杂地形地质条件下岩土工程勘察技术的研究 [J].冶金与材料，2021，41（4）：99-100.

[4] 谢志成.城市工民建项目中岩土工程勘察技术研究 [J].华北自然资源，2021（4）：28-29.

[5] 王真.数字化勘察技术在岩土工程中应用 [J].建筑技术开发，2021，48（13）：28-29.

[6] 赵羽，曹启增，王少雷.复杂地形地质条件下岩土工程勘察技术分析 [J].建材发展导向，2021，19（12）：54-55.

[7] 牟晨.矿区的岩土工程勘察技术应用 [J].西部资源，2021（3）：81-82+85.

[8] 曹启增，赵羽，王少雷.岩土工程勘察技术的应用与技术管理策略 [J].智能城市，2021，7（11）：101-102.

[9] 邢继荣.岩土工程勘察技术的现状及发展研究 [J].大众标准化，2021（11）：33-35.

[10] 杨学锦.加强岩土工程地质勘察技术措施的探析 [J].居舍，2021（15）：41-42.

[11] 李小牛.城市工民建项目中岩土工程勘察技术的应用 [J].科技创新与应用，2021，11（12）：161-163.

[12] 廖焱.勘察技术在岩土工程施工中的应用 [J].中国建筑装饰装修，2021（4）：122-123.

[13] 乔高乾.岩溶地区岩土工程勘察技术的探究 [J].西部探矿工程，2021，

33（4）：15-19+23.

[14] 司云龙 . 探究岩土勘察在岩土工程技术中的现状与发展 [J]. 中国住宅设施，2021（1）：35-36.

[15] 卓帅 . 新时期复杂地质条件下岩土工程勘察技术分析 [J]. 冶金管理，2020（11）：148+150.

[16] 陈亚新 . 建筑工程项目中岩土工程勘察重要技术探析 [J]. 四川建材，2020，46（3）：57-58.

[17] 康果，朱斌，刘君 . 岩土工程勘察技术在复杂地形地质条件下的应用实践 [J]. 世界有色金属，2019（23）：259+261.

[18] 覃菊兰 . 复杂地形地质条件下的岩土工程勘察技术分析 [J]. 工程技术研究，2020，5（01）：97-98.

[19] 杨洁 . 关于复杂地质条件下岩土工程勘察技术的探讨 [J]. 世界有色金属，2019（19）：231+233.

[20] 时艳 . 工程勘察技术在岩土工程勘察中的应用分析 [J]. 建材与装饰，2019（34）：241-242.

[21] 蒋索宇 . 关于岩土工程勘察技术的发展趋势 [J]. 化工管理，2019（30）：199-200.

[22] 林志远 . 浅析岩土工程勘察的意义及其新技术运用 [J]. 西部资源，2019（3）：104-105.

[23] 刘自强 . 分析岩土工程勘察技术的应用与技术管理 [J]. 西部资源，2019（2）：112-113.

[24] 胡学维 . 岩土工程勘察中物探技术及数字化的发展趋势研 [J]. 工程建设与设计，2019（4）：49-50.

[25] 段富平 . 岩土工程勘察技术的应用与技术管理研究 [J]. 绿色环保建材，2018（9）：171-172.

[26] 孟红锐 . 基于复杂地形地质条件下岩土工程勘察技术的研究 [J]. 世界有色金属，2017（21）：161-162.

[27] 聂泽明 . 岩土工程勘察技术的发展趋势 [J]. 中华民居，2012（3）：192.

[28] 穆满根 . 岩土工程勘察技术 [M]. 武汉：中国地质大学出版社，2016.

[29] 住房城乡建设部 . 岩土工程勘察文件技术审查要点 [M]. 北京：中国城市出版社，2014.

[30] 杨绍平，苏巧荣 . 岩土工程勘察技术 [M]. 北京：中国水利水电出版社，2015.

[31] 夏向进 . 岩土工程勘察技术及现场管理研究 [M]. 哈尔滨：哈尔滨工业大学出版社，2019.

[32] 周德泉，彭柏兴，陈永贵，等 . 岩土工程勘察技术与应用 [M]. 北京：人民交通出版社，2008.

[33] 苏燕奕 . 地质勘察与岩土工程技术 [M]. 延吉：延边大学出版社，2019.